reinhardt

Für Heidi

Ursula Avé-Lallemant

Der Sterne-Wellen-Test

3. Auflage
Mit 137 Abbildungen

Ernst Reinhardt Verlag München Basel

Bibliografische Information der Deutschen Bibliothek

Die Deutsche Bibliothek verzeichnet diese Publikation in der Deutschen Nationalbibliografie; detaillierte bibliografische Daten sind im Internet über <http://dnb.ddb.de> abrufbar.

ISBN 10: 3-497-01841-4
ISBN 13: 978-3-497-01841-3
3. Auflage

Printed in Germany
Reihenkonzeption Umschlag: Oliver Linke, Augsburg
Satz: Rist Satz & Druck, Ilmmünster
Druck und Bindung: Friedrich Pustet, Regensburg

Ernst Reinhardt Verlag, Kemnatenstr. 46, D-80639 München
Net: www.reinhardt-verlag.de E-Mail: info@reinhardt-verlag.de

Inhalt

Vorwort

Der Sterne-Wellen-Test (SWT) ist ein von mir entwickelter Zeichentest, der in die Reihe der graphischen Ausdrucks- und Projektionstests gehört.

Es hat sich in der Beratungspraxis seit langem bewährt, die Handschrift und einige Zeichentests als Diagnostika kombiniert zu verwenden. Hier kommt dem Sterne-Wellen-Test eine Brückenstellung zu. Einerseits bringt er zentrale Elemente der graphologischen Diagnostik – Gestalt, Bewegung, Raumverteilung – für sich zur Erscheinung. Andererseits geschieht das so, daß dabei zugleich Inhalte dargestellt werden, die, wie in der Tiefenpsychologie, unbewußte Themen und Konflikte ausdrücken können. Sterne und Meer sprechen Urerlebnisse menschlicher Existenz im Kosmos an. Im Test können sie deshalb als existentiell bedeutsame Symbole erscheinen.

Aufgrund seiner Eigenart hat der SWT zwei Schwerpunkte: Er kann als Persönlichkeitstest und auch als Funktionstest angewendet werden. Als Persönlichkeitstest ist der SWT durch Erfragung der existentiellen Situation eine wesentliche Hilfe bei der persönlichen Lebensberatung. Hier ist er besonders ergiebig in der Kombination mit anderen graphischen Ausdrucksdiagnostika, Anamnese und Exploration, woran das Beratungsgespräch anknüpfen kann. Als Funktionstest kann der SWT prüfen, wieweit die Aufgabe thematisch verstanden wird und die graphische Wiedergabe gelingt. In dieser Weise kann er schon beim Kleinkind als Reifetest verwendet werden. Um ihn zu zeichnen, braucht das Kind nicht erst etwas zu lernen wie die Schrift, eine Prüfung der Funktionen kann spielerisch erfolgen. Gerade dadurch wird der SWT zu einem besonders geeigneten Diagnostikum für die frühe Kindheit, auch und besonders im Hinblick auf frühe Störungen.

Dieses Buch soll eine Einführung in den Sterne-Wellen-Test bieten. Es bringt im ersten Teil die theoretische Aufgliederung des Themas, im zweiten Teil Material aus der Anwendung in der Praxis.

Der Sterne-Wellen-Test hat sich seit Jahren als Diagnostikum in der eigenen Praxis und auch als wertvolles Forschungsinstrument bewährt. Durch den schlichten und eindeutigen Standard und den weiten Spielraum für die Ausführung ist er besonders zur vergleichenden Forschung, auch international, geeignet.

Die vorliegende Arbeit soll die Möglichkeiten des SWT aufzeigen, sie kann sie nicht ausschöpfen. Möge sie, außer zur Praxis, zur weiteren Forschung anregen.

Westerheide/Sylt, September 1978 *Ursula Avé-Lallemant*

Vorwort zur zweiten, erweiterten Auflage

Der Sterne-Wellen-Test hat durch seine kulturelle Unabhängigkeit seinen Weg in alle fünf Kontinente gefunden. Das Buch ist inzwischen in französischer und englischer Sprache erschienen; Übersetzungen ins Russische, Tschechische und Italienische stehen vor der Veröffentlichung, die ins Japanische ist in Arbeit.

Als Reifetest im Vorschulalter liegen statistische Erhebungen jetzt im internationalen Vergleich vor. Der SWT hat sich bei der Überprüfung der Entwicklung im Kindesalter bewährt, ebenso bei Konfliktberatung von Jugendlichen und Erwachsenen. Neu ist, daß der SWT in verschiedenen Sondergebieten erfolgreich Verwendung gefunden hat, so in der medizinischen Diagnostik und in der Kriminologie. Überall hier bewährte sich der SWT auch als Wiederholungstest in der Erfolgskontrolle.

Die 2. Auflage wurde erweitert und ergänzt. Ein neu hinzugefügter dritter Teil bringt Forschungsergebnisse und Beispiele aus verschiedenen Anwendungsgebieten. Inzwischen hat die Erfahrung nahegelegt, die Testanweisung etwas zu modifizieren; in ihrer neuen Form wird sie auf S. 230 abgedruckt. Ebenso findet man Hinweise auf inzwischen erschienene Literatur.

Allen, die zu dem heutigen Erfahrungsschatz mit dem SWT beigetragen haben, schulde ich tiefen Dank. Es sind deren zu viele, um sie hier namentlich aufzuzählen. Ich wünsche dem SWT ein weiteres gesundes Wachstum. Möge der Test durch seine kulturelle Unabhängigkeit auch zukünftig ein Medium interdisziplinärer und internationaler Verständigung sein.

München, Februar 1994 *Ursula Avé-Lallemant*

Erster Teil
Einführung in den SWT

I. Eigenart und Anwendung des SWT

Der Sterne-Wellen-Test (SWT) besteht aus einem einfachen Testformular im Format DIN A 5 (Abb. 1, folgende Seite), auf welchem in den vorgegebenen schwarzen Rahmen ein Sternenhimmel über Meereswellen gezeichnet werden soll. Die Testaufforderung ist auf dem Testblatt eingedruckt. Außerdem enthält es Rubriken für Name und Vorname, Geburtsdatum und Beruf, wozu noch der Tag der Aufnahme vermerkt wird, so daß vor allem die Angaben von Lebensalter und Geschlecht jedem Testbogen entnommen werden können.

1. Allgemeine Charakteristik

Der Sterne-Wellen-Test gehört zu den graphischen Ausdrucks- und Projektionstests. Als solcher stützt er sich auf die Verfahren, die von der Ausdruckswissenschaft und Charakterologie einerseits, der Tiefenpsychologie andererseits entwickelt worden sind. In dieser Hinsicht ist er ein Instrument der Persönlichkeitsdiagnostik und steht vor allem im Dienst der Lebensberatung. Der Sterne-Wellen-Test kann aber auch als Funktionstest verwendet werden, durch den bestimmte Leistungen und die Ausreifung der entsprechenden Fähigkeiten geprüft werden. So angewendet hat er sich als besonders wertvoll für die frühkindliche Diagnostik erwiesen.

Die ausdrucksdiagnostischen Verfahren richten sich auf die Erfassung der individuell geprägten Eigenart des Verhaltens, wie es etwa in Mimik, Gestik, Stimme und graphischer Gestaltung erfahrbar wird. Als Handschrift und Zeichnung wird die Ausdrucksspur mit Hilfe des Griffels ablesbar und konservierbar auf Papier übertragen. Das bietet die Möglichkeit, den individuellen Ausdruck überschaubar und ohne persönliche Anwesenheit des Urhebers gründlich zu studie-

SWT

Abb. 1

Zeichnen Sie, möglichst mit Bleistift, einen STERNENHIMMEL ÜBER MEERESWELLEN

Vor- und Zuname: ....

Beruf: .... Geburtsdatum: ....

ren. Ausdruckshaltig ist dabei die individuelle Abweichung vom jeweils zugrundeliegenden Standard, bei der Handschrift von der Schulform der Buchstaben, bei graphischen Tests von der Anweisung oder der Vorlage. Dabei tritt die persönliche Eigenart des Urhebers und seine gegenwärtige Verfassung mit ihrer Intaktheit oder Gestörtheit hervor. Dies zeigt sich bei der Formung der graphischen Gebilde, der Bewegungsspur sowie der Raumverteilung der Einzelelemente. Der SWT provoziert die Formung durch die Aufforderung Sterne zu zeichnen, die Bewegung durch die Wellenlinien und die Raumverteilung durch das Gesamtbild Sternenhimmel über Meereswellen. Diese drei Grundbestimmtheiten des Schriftbildes, die sich in der Handschrift durchflechten, kommen dabei im SWT in relativer Reinheit abgehoben zur Erscheinung. Insofern steht der SWT der Schriftpsychologie mit ihren diagnostischen Möglichkeiten nahe und baut auf deren Erfahrungen auf.

Der SWT wird als Zeichentest aber auch hinsichtlich der inhaltlichen Darstellung auswertbar. In die Zeichnung des vorgegebenen Themas gehen bei der individuellen Gestaltung Projektionen von Erlebnisinhalten mit ein, deren Interpretation die Auswertung des Zeichentests zusätzlich neben die von der Tiefenpsychologie entwickelten Verfahren rückt. Die so erreichbare Ausweitung des diagnostischen Feldes hat schon früh dazu geführt, Handschrift und Zeichentests nebeneinander und in Ergänzung zu verwenden. Kommt in der Handschrift die Persönlichkeit mit ihren individuellen Verhaltensdispositionen zum Ausdruck, so provozieren die Zeichentests durch ihre Aufgabenstellung Erlebnisbeziehungen verschiedener psychischer Tiefenschichten. In der Tiefenpsychologie sind hierfür besonders die Traumdeutung mit ihrer Interpretation spontaner unbewußter Projektionen und Symbole sowie Projektionstests verwendet worden, die aufgrund verschiedenartiger Vorgaben (Reizworte, Bildvorlagen) unbewußte Assoziationen wecken und zur Sprache bringen sollen. Als Bildvorlage können dabei auch Zeichnungen verwendet werden, wie es z. B. im Vetter-Auffassungstest oder im Schwarzfuß-Test von Corman geschieht. Im Unterschied dazu sind die oben erwähnten Zeichentests projektive *Gestaltungs*tests. Bei ihnen geht die unbewußte Projektion in die individuelle Gestaltung der Testaufgabe selbst mit ein und wird als solche für den Psychologen greifbar. Die Tiefenbereiche des Erlebens, aus denen die assoziativ geweckten Bildgehalte stammen, werden dabei je nach Themenstellung (Motiv) und Testvorlage verschieden angesprochen. Beim SWT geschieht das durch die Thematik Sternenhimmel über Meereswellen und durch den Testbogen mit seinem Rahmen, in den das Thema nach Art eines Bildes gezeichnet werden soll.

Die in der eigenen Praxis verwendeten graphischen Verfahren sind die Handschrift, der Baum-Test, der Wartegg-Zeichentest (WZT), der Sterne-Wellen-Test, die Familientests (›Familie in Tieren‹ und ›Verzauberte Familie‹) und der Mensch-Test. Mit dem SWT eröffnet sich auf diesem Felde gleichsam ein neues Fenster. Die genannten Verfahren unterscheiden sich je nach den Standards, deren individuelle Gestaltung die Möglichkeit einer Diagnose eröffnet. Bei der Handschrift liegt der Standard in den zu erlernenden Buchstabenformen, die als solche für die Mitteilung genügen würden, und in der Aufgabe, sie beim Schreiben miteinander verbunden aufs Papier zu bringen. Ursprünglich dient die Handschrift dem Zweck der Mitteilung und somit der menschlichen Kommunikation. Hier bedarf es also keines eigens eingeführten Standards wie bei allen Testverfahren.

Zeichnungen haben demgegenüber ein inhaltliches ›Motiv‹, ein dargestelles Thema. Bei der freien Zeichnung ist es ein selbst gewähltes. Auch eine solche Zeichnung spricht zwar von der Individualität des Urhebers, weshalb sich ein Rembrandt, ein Picasso oder ein Klee vom Kenner ohne weiteres unterscheiden läßt. Aber durch den fehlenden Standard sind solche Zeichnungen zur psychologischen Diagnostik nur in sehr begrenztem Maße geeignet. Anders, wo ein bestimmtes Motiv gefordert wird, bei dessen Ausführung sich charakteristische Unterschiede zeigen. So ist es z.

B. beim Baum-Test, aber auch bei den Familientests und beim Mensch-Test. Auch hier wird, wie bei der freien Zeichnung und auch der Handschrift, einfach ein freies Blatt verwendet, doch die Themenstellung spricht die Persönlichkeit in einer bestimmten Weise an und veranlaßt sie, unbewußte Erlebnisinhalte in einer bestimmten Weise darzustellen. Im Baum-Test assoziiert dabei der Zeichner sich selber, denn der Baum ist das Symbol alles Lebendigen überhaupt nach Verwurzelung und Ausgestaltung. Im Sterne-Wellen-Test dagegen erlebt und assoziiert der Zeichner nicht sich in der Umwelt wie im Baum-Test, sondern unbewußt seine Welt, sein Welterleben: Landschaft, Welt, Ursymbole der Ferne. Während so der Zeichner im SWT das Erleben seiner Beziehung zur Welt gestaltet, kommt in den Familientests sein Erleben der Personen einer Gruppe verschlüsselt zur Darstellung.

Durch den vorgegebenen Rahmen auf dem Testblatt ist der Sterne-Wellen-Test dem Wartegg-Zeichentest verwandt. Dort ist der Standard, dessen individuelle Ausgestaltung den diagnostizierbaren Testinhalt bildet, nicht ein Thema noch auch bestimmte Formungsgegenstände wie die Schriftbuchstaben, sondern ausschließlich der Testbogen mit seinen acht Feldern und den darin enthaltenen Anmutungscharakteren, die den Zeichner zur Fortführung anregen sollen. Der SWT nimmt also eine Stellung zwischen den anderen Zeichentests ein, insofern er sowohl eine vorgegebene Testvorlage hat wie der WZT als auch ein bestimmtes Motiv vom Zeichner gefordert wird.

Eine Sonderstellung nimmt in den Diagnostika des graphischen Ausdrucks die Auswertbarkeit der Stricharten ein. Sie sind für den Tintenstrich an der Handschrift entwickelt worden, für den Bleistiftstrich an der Zeichnung. Die Stricharten können sowohl auf Störungen hinweisen als auch, wenn das Ausdrucksbild ungestört ist, auf individuelle Charakteristika der Persönlichkeit.

Als Funktionstest prüft der SWT weder psychische Haltungen noch Erlebnisinhalte der Tiefenpsyche wie in seiner

Anwendung als Persönlichkeitstest, sondern allein intellektuelle und manuelle Fähigkeiten. Hierdurch ist er besonders beim Vorschulkind anwendbar und gehört aus diesem Aspekt in die Reihe der Leistungstests.

2. Der SWT als Persönlichkeitstest

Der Sterne-Wellen-Test ist in der Lebensberatung entstanden, d. h. in der Anwendung als Persönlichkeitstest. Dabei stützt er sich auf die eben ausgeführten Verfahren der Ausdrucksanalyse und der Interpretation von Bildinhalten. Der Test eröffnet einen zusätzlichen Weg zu Erlebnisweisen und Erlebnisinhalten des Zeichners, in denen sich seine persönliche Eigenart und seine Lebenssituation erschließt.

Das Ausdrucksbild gibt z. B. die Sensibilität und Gefühlsansprechbarkeit wieder, einen Primat des rationalen Denkens oder auch die Tendenz der Befangenheit in Stimmungen. Durch die Testaufforderung wird der Zeichner insbesondere angeregt, seine Fähigkeit und Neigung zur Rezeptivität und zum schauenden Erleben auszudrücken, die Stimmungsbetontheit der seelischen Haltung im Unterschied zu emotionaler Zuwendung oder rationaler Verarbeitung.

In der gleichen Richtung provoziert der SWT Bildinhalte, die häufig aus tieferen Schichten der Persönlichkeit stammen. Man könnte sagen, daß der Zeichner durch Testvorlage und Testaufforderung zur unbewußten und oft verschlüsselten Darstellung seiner existentiellen Einstellung gegenüber der Welt herausgefordert wird.

Die Ausdruckskraft der Gestaltungen, das häufig spontane Auftreten von Symbolen der individuellen Lebensthematik mag etwas mit der Eigenart der Naturgegebenheiten von Sternenhimmel und Meereswellen zu tun haben. Der Mythos alter Kulturen erzählt uns von der Bedeutung von Sternen und Meer, von Himmel und Wasser für den Menschen. War der Himmel raumsymbolisch das Oben, das Über — hier auch im wertenden und richtenden Sinne —, so war

Wasser das Unten, mehr noch als die Erde: drängte doch das Wasser auch auf der Erde stets der Tiefe zu, dem Ursprung, aus dem alles emporquillt. War das Gestirn der Inbegriff der vorgegebenen, dem Einzelnen entzogen ›ewigen Ordnung‹, ein unbegreifbar stetiges Über-Ich, so war Wasser das stets im Wandel begriffene, im wörtlichen Sinne unfaßbare Leben, Urstoff alles Seienden. Der Himmel wurde im christlichen Symboldenken zur Darstellung der Ewigkeit in der Kunst, wie noch der Goldgrund der Heiligenbilder erkennen läßt. Das Wasser dagegen war Symbol des Lebens, der Geburt und Wiedergeburt in der Taufe, aber auch des Umfaßtseins der Erdscheibe von den Meeren, die unter dem Himmel die stets erneuernde Urkraft darstellten.

In der Traumsymbolik sind Sterne und Licht Symbol des Geistes. Wasser dagegen ist Symbol der Seele, Wellen sind Symbole seelischer Bewegtheit und Wogen Symbol stürmischer Erregung. Was dem Urmenschen der Mythos von Gestirn und Wasser an existentieller Wirklichkeit bedeutete, das sind uns Heutigen Sterne und Wellen als symbolische Aussagen aus der Wirklichkeit tiefenpsychischen Erlebens. Sie können sich in Traumbildern zeigen, sie können in künstlerischen Werken Ausdruck finden, sie können in die Gestaltung von Testzeichnungen eingehen.

Ob Traumbilder oder Testzeichnungen symbolische Bedeutung haben oder nur zufällig so und nicht anders entstanden sind, darüber geben am besten der Kontext anderer Diagnostika und der Lebenssituation Aufschluß.

Sowohl Erlebnisweisen als auch Erlebnisinhalte können etwas über psychische Störungen oder Konflikte aussagen. Hierdurch ergeben sich gezielte Hinweise für die Befragung der Anamnese und anderer Diagnostika.

Der SWT kann in besonderer Weise auch phasenspezifische Erlebnisweisen und geschlechterspezifische Unterscheidungen des Erlebens erfassen. Sehr bezeichnend sind hierfür die ›Stimmungslösungen‹, die erst in der Pubertät aufzutreten pflegen. Frühreife sowie Spätentwicklung können am durchschnittstypischen Vorkommen ihres ›Stils‹

vermutet werden, was wiederum auf die jeweilige Dominanz eines Erlebnisbereiches hinweist.

In der Persönlichkeitsdiagnostik wird der SWT im allgemeinen in der Kombination mit anderen Diagnostika angewendet. Hier soll auf die besonders ergiebige Ergänzung des SWT zum Ausdruck der Handschrift hingewiesen werden. Während die Schrift in hohem Maße vom Verhaltenshabitus des Menschen bepräqt wird, gibt der SWT, bestätigend oder — oft zur Überraschung für den Diagnostiker — als Ergänzung des Persönlichkeitsbildes die Erlebnisweise wieder. Der Wichtigkeit wegen soll dies an zwei Beispielen gezeigt werden.

Abb. 2 zeigt Schrift und Test einer 35jährigen Frau, die sich in hoher Position der Industrie gegen die hier natürliche Rivalität der Umwelt durchzusetzen hat. Die Schrift läßt die oft burschikose Kampflust erkennen, ebenso die hohe Intelligenz und Vitalität, die der Persönlichkeit die Leistungsbasis gibt. Der SWT gibt dagegen als Ergänzung das lebhafte, aber sensible Gefühlsleben der Frau wieder.

Abb. 3 stammt von einem fast 40jährigen Ingenieur, der sowohl in der Handschrift als auch im SWT sensible Rezeptivität und zugleich kühle Distanz ausdrückt. Der Abstraktionsbegabung und Ratio im Ausdruck der Schrift entspricht der ›Leuchtturm‹ als Symbol künstlichen Lichtes. In diesem Fall ist der SWT die Bestätigung der Handschrift.

Eine Kombination des SWT mit Handschrift, Baum-Test und Wartegg-Zeichentest wird im Schlußkapitel an einem Beispiel gezeigt.

Abb. 2a ♀ 38;—

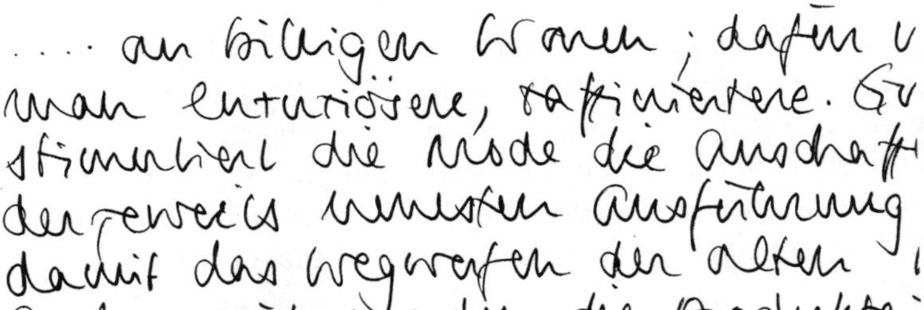

.... an billigen Waren; dafür
man luxuriösere, raffiniertere.
stimuliert die Mode die Anschaff
der jeweils neuesten Ausführung
damit das Wegwerfen der alten
andererseits werden die Produkte

Abb. 2b

Abb. 3a

♂ 39;—

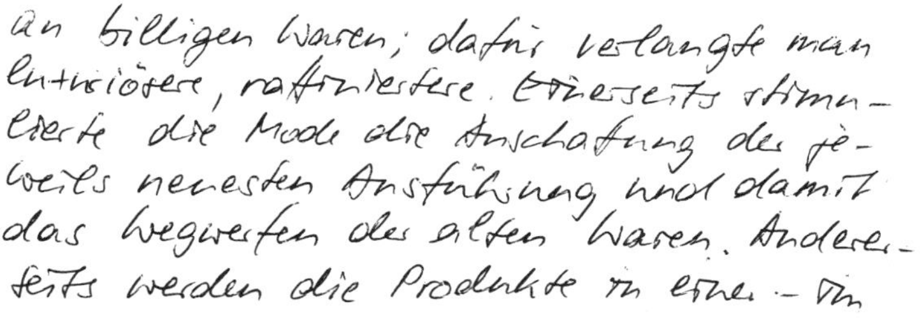

an billigen Waren; dafür verlangte man
luxuriösere, raffiniertere. Einerseits stimu-
lierte die Mode die Anschaffung der jeweils neuesten Ausführung und damit
das Wegwerfen der alten Waren. Andererseits werden die Produkte zu einer - Zu

Abb. 3b

3. Der SWT als Funktionstest

Der Sterne-Wellen-Test kann auch als Funktionstest zur Prüfung jener Funktionen angewandt werden, welche für seine Herstellung Voraussetzung sind. Die Testantworten insbesondere von Kindern lassen dabei die Reife dieser Funktionen erkennen.

Die Aufgabe, Sterne über Wellen zu zeichnen, erfordert zuerst einmal vom Kind die Fähigkeit, die Begriffe Sterne und Wellen aufzunehmen und sie in die ihnen entsprechenden Vorstellungsinhalte umzusetzen. Dann muß es diese imaginativen Inhalte darstellen und zwar unterscheidbar als Einzelgestaltung bzw. Bewegungsablauf. Hinzu kommt die ungestörte Raumbeziehung, denn die Aufgabe heißt ja, Sterne über Wellen zu zeichnen.

Es gibt generell vier Möglichkeiten, auf die Testantwort zu reagieren. 1. Der Test wird nicht ausgefüllt, das Kind gibt das Blatt zurück. Abgesehen von vereinzelten Trotzreaktionen kann man voraussetzen, daß das Kind dem Auftrag noch nicht gewachsen ist. 2. Erfolgt als Antwort eine ungezielte Kritzelei, so ist ebenfalls zu vermuten, daß die Aufgabe noch nicht verstanden worden ist, oder daß die Fähigkeit zur Darstellung noch fehlt. 3. Wird nur einer der Teilbereiche ausgefüllt, Sterne oder Wellen, so kann noch das Vermögen fehlen, beides zugleich zu konzipieren. Die Teillösungen müssen aber nicht stets auf diese Unfähigkeit zurückgeführt werden. Ein Kind kann auch so fasziniert sein von dem Wort ›Sterne‹ oder ›Wellen‹, daß sich der entsprechende Vorstellungsgehalt in seiner Imagination mit einer Ausschließlichkeit ausbreitet, die keinen Raum für anderes läßt. Das ist besonders dann anzunehmen, wenn der Rahmen ausgefüllt, ja überschwemmt wird von gut gestalteten Sternen oder Wellen. Im 4. Fall wird die Aufgabe voll verstanden und ganz ausgeführt. Es kommt hierbei ausschließlich auf die schlichte Beantwortung des Themas an.

Dem durchschnittstypischen Vorkommen von vollständigen Lösungen in einer Altersgruppe können wir die durchschnittliche Reife für diesen Test entnehmen. Das 4jährige Kind kann ihn schon fast immer ausführen, das 5jährige bis auf einzelne Ausnahmen, die meist schon auf Retardierung oder Störungen beruhen.

Sobald die Funktionen ausgereift sind und der Test voll beantwortet wird, kann man auch schon gestörte Ausdrucksbilder von ungestörten unterscheiden. Hier kann man also auch schon Störsymptome auffinden. Das kann an den Testzeichnungen von zwei 3jährigen anschaulich gemacht werden, die weiter unten besprochen werden (Abb. 31 und 32, S. 71/72). Die Erzieherin sprach bei beiden von lebhaften Kindern, die sich nicht leicht in die Gruppe einordnen. Das Mädchen (Abb.31) war jedoch mit sich selbst gut beschäftigt, spielte vertieft und hingebungsvoll, auch wenn es allein gelassen wurde, es strahlte, wenn die Erzieherin zurückkam, ohne sein Spiel zu unterbrechen. Es bemühte sich geduldig, kleine Aufgaben selber auszuführen — etwa das Schuhband zu binden oder seine Kleidung zuzuknöpfen. Der Junge (Abb. 32) dagegen konnte nicht allein sein und blieb bei keinem Spiel. Unruhig wechselte er von einem Gegenstand zum anderen über, schloß sich bald diesem, bald jenem Kind an. Wenn der Erzieher sich entfernte, ließ er alles stehen und liegen um zu folgen, angstvoll besorgt, allein gelassen zu werden. Kam der Erzieher zurück, so löste sich zwar die Angst, aber es war keine Heiterkeit und Freude bei dem Kind zu erkennen. In den kleinen Anforderungen seines Alters war er unselbständig, ungeduldig, nervös. — Die Aufgabe, zu entscheiden, zu welchen Bildern die beiden Beschreibungen gehören, wäre fast schon eine kleine Prüfung für die Begabung, Ausdrucksbilder zu ›verstehen‹. Der Test des kleinen Mädchens zeigt rhythmisch ablaufende Wellen in scharfem bis festem Strich. Eine Umrandung des ganzen Bildes ergänzt die zügige Zeichnung. Die Sterne sind punktartig über das Bild verteilt, auch sie gezielt hingesetzt, sicher, den Schwung durch auslaufende Endungen nach rechts andeutend. Die Zeichnung des Jungen ist mit wirrem und irritiertem Strich ausgeführt, besonders in der Darstellung der Wellen. Bei der intelligenten Art, in der das Thema aufgenommen worden ist, können die hastig hingekritzelten, diffus durcheinander geratenen Stricheleien durchaus als Störung der biopsychischen Abläufe verstanden werden. Das Thema ›Sterne‹ wird durch zwei große, spinnenförmige Gebilde beantwortet, die das Verständnis des Themas bestätigen. Der Strich ist unsicher, zum Teil scharf-hart, zum Teil zart-fragil. Bei sonst vergleichbaren Fähigkeiten ist das Mädchen eindeutig das ungestörte, der Junge das gestörte Kind.

Bei der Frage nach Störungen in den verschiedenen Altersstufen ist zu berücksichtigen, daß bei 3jährigen selten mit Sicherheit Verweigerungen, Unvermögen und Störung unterschieden werden können. Die Sicherheit, Störungen von anderen Kriterien unterscheiden zu können, nimmt bei den Tests älterer Kinder zu und drückt sich bei 6—7jährigen auch entsprechend deutlicher aus.

Sobald man den allgemeinen Eindruck eines gestörten Tests gewonnen hat, kann man näher fragen, ob sich Störungen im Raumbild (Disharmonie, Richtungsvertauschung), in der Formung, im Bewegungsablauf oder im Zeichenstrich finden. Hierdurch können sich schon erste Hinweise auf die möglichen Ursachen der Störung des Kindes ergeben, deren Problematik dann auf die verschiedenste Weise nachgegangen werden kann.

In der ungestörten Testzeichnung erhalten wir meist auch schon Charakteristika des kleinen Zeichners. Demonstrativer Ausgriff unterscheidet den Aktiven und Extravertierten von zarten und kleinen Formen des Insichgekehrten. Der tonige Strich läßt die sinnlich-seelische Ansprechbarkeit als dominierend erkennen, der scharfe Strich die Tendenz zur begrifflichen Erfassung usw.

Daß dieser Einblick in die Natur des Zeichners bei gestörten Ausdrucksbildern verdeckt ist, bestätigt auch hier den Satz des Aristoteles: das Wesen des Menschen ist nur in dessen ungestörtem Zustand erkennbar. —

Als Funktionstest angewandt gibt also der SWT früher

und weniger an erlernte Schemata gebunden Auskunft über die Reife des Auffassungs- und Gestaltungsvermögens eines Kindes und über eventuelle Störungen seiner biopsychischen oder geistigen Funktionen, und er gibt zugleich auch schon erste Hinweise auf seine Eigenart.

Die Ergebnisse eines solchen Tests sollen nicht dazu verleiten, Kinder nun noch früher zu fordern, zu schulen, zu lehren. Sie sollen dagegen ermöglichen, Kinder zu schonen, sie nicht zu überfordern, sie spielen zu lassen, wo lernen noch nicht möglich ist. Überdies soll der SWT Hilfe für die individuelle Diagnose sowohl der Art von Störungen oder Retardierungen als auch der Charakteristika schon von kleinen Kindern geben. Hier seien nicht zuletzt die Hypersensiblen genannt, die häufig als Versager gelten und laut, aber kindisch behandelt werden, was ihre Störbarkeit noch erhöhen kann. —

Testbeispiele und einige weitere Bemerkungen zu diesem Thema bilden den Inhalt des 1. Kapitels im zweiten Teil.

4. Die Testanweisung

Der Sterne-Wellen-Test hat eine leicht erfaßbare Aufforderung, die bei Erwachsenen und Jugendlichen schlicht heißen kann: »Zeichne einen Sternenhimmel über Meereswellen«. Diese Aufforderung steht auf dem Testblatt. Bei Kindern sollte man sie altersentsprechend etwas erläutern.

Die unkomplizierte Art der Testaufforderung mag dazu beitragen, daß der SWT erfahrungsgemäß überraschend unbefangen ausgeführt wird. Die Testaufgabe, Sterne über Meereswellen zu zeichnen, läßt bei relativ engem und sehr dezidiertem Standard breiten Spielraum für die Entfaltung. Meist wird der Rahmen daher sogar gern und spontan ausgefüllt. Sterne und Wellen sind die schlichtesten nur denkbaren Naturgestalten, deren Zeichnung nicht viel Nachdenken erfordert, die überdies für jung und alt, für intelligent oder debil, für Europäer, Asiaten, Afrikaner, Amerikaner und Australier dasselbe Vorbild bieten. Sie sind ein objektiver Standard. Das hat sich in der eigenen Praxis an Tests von Jugendlichen aus 14 Nationen von vier Erdteilen bestätigt. Der Test ist außerdem weitgehend unabhängig vom zeichnerischen Können, was sonst beim Zeichner so häufig zuerst Anlaß zum Zögern zu sein pflegt.

Bei *Kindern* ist es angebracht, die Testaufforderung etwas zu erläutern. Besonders ganz kleine Kinder, die 3-bis 6jährigen, brauchen Ergänzungen oder gar Vorbereitungen. Da viele kleine Kinder noch kein Meer gesehen haben, kann man hier sagen, »zeichne einen Sternenhimmel über Wasserwellen«. Wasserwellen kennt jedes Kind, und sei es aus seiner Erfahrung in der Badewanne. Bei statistischen Erhebungen in Kindergärten wurde der nachfolgende Text als Anregung mitgegeben, den die Erzieher je nach Alter und Mentalität der Kinder variieren konnten:

»Das Ziel dieses Tests ist es, Kinder zum Zeichnen von ›Sternen‹ und ›Wellen‹ zu provozieren, darum heißt es: Zeichne einen *Sternen*himmel über Meeres*wellen*.

Es ist jedoch auch ausdruckshaltig und symptomatisch, ob ein Kind Sterne und Wellen nur ›aufzählt‹ oder ob es ein Bild, eine Landschaft daraus macht, was schon bei Vierjährigen gelegentlich andeutungsweise vorkommt. Darum heißt die Testanweisung auch ›Sternen*himmel* über *Meeres*wellen‹.

Besonders kleinere Kinder sollten jedoch vor allem auf ›Sterne‹ und auf ›Wellen‹ erklärend hingewiesen werden; nicht alle kennen das Meer, aber fast alle einen Fluß und jedes Kind kennt Wellen durch das Plätschern in der Badewanne.

Am besten sagt man also einleitend: du kennst doch Sterne, die abends am Himmel stehen. Dann: wenn Wasser sich bewegt, gibt es Wellen, nicht wahr? Du weißt doch also, was Wasserwellen sind! Und nun zeichne einmal einen Sternenhimmel über Meereswellen.

Das Kind sollte immer einen *Bleistift* benutzen, auf keinen Fall Farbstifte, auch wenn es dies verlangt. Tinte und Kugelschreiber bitte vermeiden!

Die Zeit ist nicht begrenzt, sie richtet sich nach dem durchschnittstypischen *Tempo* der Altersstufe. Der Test sollte jedoch nicht — wie in der Zeichenstunde — kunstvoll ausgemalt werden, sondern spontan und vom Kind möglichst wenig reflektiert gezeichnet.

Viele Kinder fragen, ob sie einen Fisch, ein Schiff o. a. m. zeichnen dürfen. *Sie dürfen alles!* Allerdings muß der ›Standard‹ des Tests dem Kind ausdrücklich ganz klargemacht worden sein, ehe es beginnt: Zeichne einen Sternenhimmel über Meereswellen.

Ich bitte, den Kindern nicht mit konkreten Ratschlägen zu helfen noch sie vom Nachbarn abzeichnen zu lassen. Der Test soll spontanes Erfassen und Wiedergeben des jedem Kind durch Erfahrung bekannten Themas ›Sterne‹ und ›Wasser‹ ausdrücken.

Der Test soll unbedingt das Geschlecht eindeutig *(masculin = m / feminin = f)* und das *Alter nach Jahr und Monat* aufweisen. Am besten gibt man Geburtsdatum und Aufnahmedatum an, wenn bekannt.«

Wichtig ist, daß die Ausfüllung des SWT grundsätzlich *mit Bleistift* erfolgt. Hierzu muß bemerkt werden, daß dies für die Ausführung aller graphischen Zeichentests wünschenwert ist. Karl Koch hat dies in seinem Buch ›Der Baumtest‹ nicht gefordert, weil er irrtümlich meinte, die Strichanalyse sei nur am Tintenstrich entwickelt worden, und zwar durch die Schriftpsychologie. Er hat darum nur die Flächenbehandlungen in sein Lehrgut eingebracht, die auch vom Aspekt der Gestaltung aus beurteilt werden. Demgegenüber hat vor allem August Vetter die Analyse des Bleistiftstriches in Zeichnungen begründet.

Der Bleistift sollte vom Zeichner gewählt werden können. Ebenso muß er einen Anspitzer zur Verfügung haben. Der zarte Strich, auch der scharfe Strich erfordert gelegentliches Nachspitzen, was hierdurch von vornherein ermöglicht werden sollte. Stets darf ein Radiergummi bereitgelegt und gegebenenfalls benutzt werden, was besonders das Kind zu beruhigen pflegt.

Für die Ausfüllung des Tests soll es *keine Zeitbeschränkung* geben. Eine solche mag für Intelligenz-Tests angebracht sein, für die Erfassung von Erlebtem ist es unangebracht, denn die Seele hat ihr ›Eigentempo‹.

Nach Fertigstellung der Testzeichnung kann man sich *Erläuterungen* dazu geben lassen. Dabei muß freilich bedacht werden, daß darin nachträgliche andere Projektionen eingehen können, was besonders bei Kindern naheliegt.

Es kommt vor, daß Tests nur halb ausgefüllt werden, indem nur Wellen oder (wohl häufiger) nur Sterne gezeichnet werden, wie Beispiele in diesem Buch zeigen. Hier sollte man nicht eingreifen und zum Weiterzeichnen ermuntern, weil auch dies ausdruckshaltig ist. Bei Kindern läßt es auf ein Erfülltsein von dem Erlebnis schließen, das so stark – oder so eng – sein kann, daß nicht zwei Vorstellungen sich darin entfalten können. Bei Erwachsenen sollte man an den Ausdruck einer Störung denken.

Es kommt auch vor, daß die Zeichnung verweigert wird. Bei schulfähigen Personen könnte dies der Fall sein, wenn sie nicht zeichnen wollen. Bei Kindern im Vorschulalter und nichtschulfähigen Personen kann es ein Anzeichen dafür sein, daß sie die Vorstellung Sterne und Wellen nicht konzipieren oder nicht gestalten können.

Der *Kontext* für den SWT sollte immer die Anamnese und die Beobachtung des Kindes sein. Bei älteren Kindern und Jugendlichen können weitere, ergänzende Tests ausreichen, wenn die Umstände einen persönlichen Kontakt ausschließen. Natürlich werden sie auf jeden Fall weitere Aufschlüsse geben.

Besonders das jüngere Kind sollte nach Auffälligem in den Zeichnungen befragt werden, seine Erläuterungen können die Diagnose um wichtige Daten ergänzen.

Störungen im Test können Anlaß sein, die Eltern gezielt nach frühkindlichen belastenden Einflüssen und derzeitigen weiteren Symptomen des kindlichen Leidens zu fragen.

Der Test kann zur Kontrolle der Entwicklung nach einiger Zeit wiederholt werden.

Zusatz zur 2. Auflage

In der Erfahrung der Praxis hat sich gezeigt, daß einige Punkte etwas geändert werden sollten: So antwortet man, wenn Kinder fragen, ob sie Zusätze zeichnen dürfen, besser »Laß alles andere weg, das kannst du nachher extra zeichnen«. Da fast immer einfach zum nächstliegenden Bleistift gegriffen wird, legt man besser nur einen, nämlich den von mittlerer Stärke, hin.

Die inzwischen entwickelte Testanleitung, wie sie heute ausgegeben wird, ist im Anhang der 2. Auflage (S. 230) abgedruckt.

II. Die Kriterien der Auswertung

Die Kriterien der Auswertung des SWT entsprechen jenen von Handschrift und Zeichentest[1]. So wie wir das Raumbild der Schrift nach seinem Ebenmaß, nach Verregelung oder Disharmonie befragen, tun wir es auch mit der SWT-Zeichnung. So wie für den Wartegg-Zeichentest die Kategorien von Sachlösung, Bildlösung, Form- und Sinnlösung erarbeitet wurden, gelten sie auch für den vorliegenden Test. Durch sein Thema und durch die freie Fläche des Testblattes gibt es beim SWT zusätzlich die Stimmungslösung.

Die Stricharten werden z. B. beim WZT und beim Baum-Test angewandt. Für letzteren wird auch ausführlich die Raumsymbolik ausgewertet. Sachsymbolik geht in die Deutungen von Baum-Test und WZT ein. Die Interpretationen von Gestaltung, Raumbild, Bewegungsablauf und Strichkriterien sind überdies Grundelemente der Schriftinterpretation.

Die Auswertungskriterien sind also nicht neu; sie geben aber neue Einsichten in die Persönlichkeit, indem sie durch die Eigenart des SWT neue Aspekte der Persönlichkeitsstruktur befragen.

1. Formale Auffassungsweisen

Wer das Thema hört, das für die Ausfüllung des Tests gestellt wird, zeichnet zumeist spontan seinen Einfall hin. Was wir dabei immer in der Zeichnung finden — wenn das Thema überhaupt aufgenommen wird — ist ein Sternenhimmel und ›Wasser‹, nicht immer Wellen. Das Wie der Ausführung ist unterschiedlich, und darauf kommt es in der Diagnose vor allem an. So lassen sich die folgenden fünf Auffas-

[1] Vgl. dazu von der Verfasserin ›Graphologie des Jugendlichen I‹, München-Basel 1970; ›Baum-Tests‹, Olten-Freiburg 1976; ›Der Wartegg-Zeichentest in der Jugendberatung‹, München-Basel 1978.

sungsweisen unterscheiden, die die ganze Zeichnung bestimmen:

Sachlösung
Bildlösung
Stimmungslösung
Formlösung
Sinnlösung

Außer der Stimmungslösung sind diese Auffassungsweisen von August Vetter schon für die Diagnose des Wartegg-Zeichentests eingeführt worden. Sie finden sich auch bei anderen Arten bildlicher Darstellung.

Nehmen wir zum Beispiel einen Baum: der Architekt wird eine Sachlösung bringen, wenn er seinen Plan ›Haus und Garten‹ entwirft. Das Kind zeichnet zumeist ein Bild, vielleicht mit Gartenzaun oder mit Leiter und Obstkorb, um die Zeit der Ernte anzudeuten. In der Pubertät finden wir oft stimmungsbetonte Baumzeichnungen, ebenso aber bei Malern der Romantik und dann wieder des Impressionismus. Wer aber ein Werbeplakat zeichnen will, wird vermutlich eine stilisierte Formlösung wählen. Und schließlich kennen wir aus dem Baum-Test die erstaunlichen Sinnlösungen, deren ein Zeichner aus unbewußten Impulsen fähig ist. Ähnlich verhält es sich also mit der Antwort auf die Forderung, einen Sternenhimmel über Meereswellen zu zeichnen. Jede Art des individuellen Zugangs zu dem Thema sagt etwas über den Zeichner aus, wobei auch altersentsprechende Einflüsse mit eingehen.

Mit der *Sachlösung* (Abb. 4) gibt der Zeichner eine Antwort, die nüchtern den Tatbestand ›Sterne‹ und ›Wellen‹ registriert. Hier fehlt deutlich die Intention, ein ganzheitliches Bild zu gestalten, etwas anschaulich schön oder eindrucksvoll darzustellen oder gar einen tieferen Sinngehalt einzuflechten. In der Sachlösung gibt der Zeichner den begrifflich erfaßten Anschauungsgehalt von Sternen und von Wellen wieder, ohne das Bildhafte eines nächtlichen Sternenhim-

Abb. 4 ♀ 14;—

Abb. 5 ♀ 11;3

Abb. 6 ♂ 15;8

Abb. 7 ♂ 9;—

mels vor sich zu haben. Er konstatiert, ohne dabei das Thema zu erleben.

Die *Bildlösung* (Abb. 5) bringt in den Testrahmen eine ganzheitliche und anschauliche Gestaltung von Sternen über Wellen. Sie ist kenntlich an der Tendenz zur räumlichen Einordnung in den Testrahmen und häufig durch ausschmückende Elemente. Die Bildlösung läßt auf die Beteiligung des Erlebens schließen, die dem Zeichner Sternenhimmel und Meereswellen emotional nahe bringt. Er ist »mit Liebe bei der Sache«, malt, fabuliert auch Ergänzungen hinzu.

Die *Stimmungslösung* (Abb. 6) ist durch das Atmosphärische gekennzeichnet, das einem Bild von Sternenhimmel und Meer eigen ist. Stimmungslösungen setzen immer die Tendenz zur Bildlösung voraus, gehen aber nicht in einer solchen auf. Die Stimmungslösung hebt sich von der Bildlösung insofern ab, als jetzt weniger durch Gegenstände und Ausschmückungen ›erzählt‹ wird, als daß eine Erlebnisqualität in die Darstellung eingeht, die gerade bei diesem Test und vom Thema provoziert oft wehmütig und träumerisch ist. Die Interpretation wäre Erlebniserinnerung, Gefühlsbetontheit, sensuelle Ansprechbarkeit.

Die *Formlösung* (Abb. 7) unterscheidet sich von den anderen Auffassungsformen durch die Stilisierung des Dargestellten, das eher dekorativ als aussagekräftig ist. — Diese Art von Antwort verschleiert oder verhindert den psychischen Gehalt des Tests. Sie läßt eine leitbildlich orientierte Einstellung erkennen. Auch wenn das Thema nicht bewußt behandelt wird, erkennen wir doch die unterbewußte Absicht auf Wirkung und Dekor hin, nicht selten in einem Alter und bei Persönlichkeiten, die zur Selbstdarstellung tendieren. So kann die Formlösung auch meist als Entfaltungswunsch oder gar als Selbstdemonstration interpretiert werden.

Abb. 8 ♀ 14;3

Die *Sinnlösung* (Abb. 8) enthält in dem Dargestellten explizit oder implizit einen symbolischen Hinweis auf Sinngehalte, die im Kontext mit der Lebenssituation des Zeichners verstanden oder gedeutet werden müssen. Sinnlösungen sind besonders eindrucksvoll und diagnostisch ergiebig, und hier erlebt der Psychologe wahre Überraschungen an Aussagen aus der Tiefenpsyche. Freilich kann man aus dem Bildgehalt als solchem nie mit absoluter Gewißheit sagen, wann eine Sinnlösung vorliegt, wann eine Darstellung symbolträchtig ist. Aber Einübung und Erfahrung lassen dies mit recht großer Sicherheit erkennen.

Schließlich muß angemerkt werden, daß die Auffassungskategorien oft ineinander übergehen. So kann die Sinnlösung auch Stimmungslösung oder Bildlösung sein, die Sachlösung kann Elemente der Bildlösung haben.

2. Formale Raumstruktur

Jedes Bild hat, unabhängig von seinen Inhalten, eine formale Struktur seines von den Rändern begrenzten Bildraumes. Das gilt auch für den Sterne-Wellen-Test, bei dem die Anregung zur Strukturierung des Zeichenraumes durch den schwarzen Rahmen betont wird. Die Kategorien der Raumstrukturierung sind aus der Erfahrung gewonnen und haben in der Graphologie eine alte Tradition. In der Handschrift ist der Schreibraum durch das Schreibblatt vorgegeben, das Kind lernt, ihn ›gleichmäßig‹ auszufüllen. Im Laufe der Zeit wandelt es die Art der Struktur individuell ab, was dann zu den Interpretationsmöglichkeiten des Diagnostikers beiträgt.

Im Sterne-Wellen-Test werden vier Kategorien der Raumstrukturierung aus der Graphologie übernommen:

Ebenmaß
Gleichmaß
Regelmaß
Disharmonie

Wir sind aus der Kunstbetrachtung gewohnt, ein Bild meist formal ebenmäßig in seinen Proportionen vorzufinden, selbst wenn seine Inhalte widersprüchliche Aussagen enthalten. Ein solches Ebenmaß kann bewußt angestrebt werden, gelingt dann aber meist nur unvollkommen. Echtes *Ebenmaß* (Abb. 9) wirkt wie ein organisch gewachsenes Gebilde in der Natur. Beim Kunstwerk entsteht der Eindruck des Organischen dadurch, daß dem begabten Künstler die Inspiration zu seinem Werk aus der Seele gekommen ist, und das heißt, aus seiner Mitte ›erwachsen‹. Wenn also ein Mensch in sich ruht, in seiner Mitte beheimatet ist und aus ihr lebt, pflegen seine Gebilde ebenmäßig zu sein. Dieses seelische Gleichgewicht kann das Kind, aber auch der Erwachsene haben. Es kann zeitweise durch ungünstige Einflüsse gestört werden, es kann mit der Reife der Persönlichkeit erworben worden sein. Finden wir es im Sterne-Wellen-Test vor, so können wir auf die seelische Ausgeglichen-

Abb. 9 ♀ 12;6

Abb. 10 ♂ 11;8

heit des Zeichners schließen: während des Zeichnens, in seiner derzeitigen Lebensphase oder sogar konstitutiv.

Das *Gleichmaß* (Abb. 10) dagegen ist ein Ordnungsprinzip mehr äußerlicher Art. Hier wird die formale Ausgeglichenheit der Gestaltung angestrebt, wie etwa wenn ein Schulkind Zeilen und Buchstaben ordentlich zu schreiben bemüht ist, was immer noch einen gewissen Spielraum für Abweichungen von Wortabstand und Schreibzeile zuläßt. Im gleichmäßigen Bild folgt der Schreiber oder Zeichner dem Ordnungsprinzip in individueller Abweichung. Das ist im Zeichentest, hier im Sterne-Wellen-Test nicht anders als in der Schrift. Das Gleichmaß nähert sich dem Ebenmaß, erreicht es aber nicht. Es nähert sich dem Regelmaß, weicht jedoch von seiner Starre ab.

Das gleichmäßige Gebilde, auch im Sterne-Wellen-Test, läßt auf Einordnungsbereitschaft und auf Anpassungswillen des Zeichners schließen. Er hat das Ganze des Zeichenraums vor Augen und bemüht sich unterbewußt um eine ansehnliche Leistung. ›Gleichmaß‹ im Ausdrucksbild wäre also am ehesten als eine ungezwungene Anpassung zu interpretieren. Wir folgen natürlichen Ansprüchen, die ihre sachliche Begründung darin finden, daß wir miteinander leben müssen, uns verständigen, Reibungen vermeiden. Gleichmaß als Ausdruck der Anpassung ist ein wertneutrales Ausdruckskriterium, so wie diese Art der Anpassung positive oder negative Motive haben kann oder gar nur aus der Gewohnheit entspringt.

Das *Regelmaß* (Abb. 11) folgt einer angeordneten oder selbstgesetzten Gestaltungsregel, wie dies am besten in einer korrekten Schülerschrift zu sehen ist. Im Sterne-Wellen-Test erkennt man das Regelmaß an fast meßbar gleichen Abständen der Elemente. Den Zeichner stört jede individuelle Abweichung von einem der Regel entsprechenden Gebilde. Das Ganze wirkt daher meist langsam und schwunglos gezeichnet und gewollt.

Abb. 11 ♀ 6;—

Abb. 12 ♂ 9;—

Die Interpretation knüpft an diesen Willen zu einem regelmäßigen Gebilde an. Regelmaß ist Ausdruck autoritären Gehorsams anderen oder sich selbst gegenüber, Selbstkontrolle bis zur Selbstzucht im Dienste einer Vorschrift — in der Graphologie einer Vor-Schrift, der Schulvorlage. Um diese Aufgabe zu bewältigen, müssen individuelle Impulse überwunden oder verdrängt werden, seien sie nun schwach oder stark. Der Zeichner ist jetzt nur wenig mit seinem Gefühl, seiner seelischen Mitte an der Gestaltung beteiligt wie etwa beim Ebenmaß, er steuert rational, zielbezogen.

Die *Disharmonie* eines Gebildes besteht in der mangelnden Proportion ihrer Elemente (Abb. 12). In der Disharmonie fehlt das Ebenmaß, natürlich auch das Regelmaß und sogar das Gleichmaß, das üblicherweise die anerzogene und somit gewohnheitsmäßige Gestaltungsweise des Menschen ist.

Die Interpretation eines disharmonischen Gebildes auf seinen Ausdrucksgehalt hin ist insofern nicht eindeutig zu treffen, als sie aus verschiedenen Ursachen entstehen kann. Die Gestaltung kann intellektuell oder biologisch nicht bewältigt worden sein, sie kann in ihrer Ausgewogenheit durch psychische Störungen, etwa in der Pubertät, gestört sein. Ein ausgewogenes, harmonisches Bild kann aber auch ausdrücklich abgelehnt werden, der Zeichner kann die Disharmonie der Gestaltung wollen. Sie kann dann Ausdruck seines Protestes gegen die Ordnung sein. Solche leitbildlich disharmonischen Zeichnungen und Schriften finden wir häufig in der Jugendkrise, in der Phase des jugendlichen Protestes gegen die bestehende Ordnung.

3. Raumsymbolik

Die Zeichnung ist nicht nur in ihrer formalen Raumstruktur auswertbar, sondern auch und vor allem im Hinblick auf die bedeutungshaltige Raumbetonung. Mit der Raumsymbolik beginnt die wichtige inhaltliche Auswertung des Tests.

Wie in der bildenden Kunst so auch in jeder Zeichnung haben die Raumrichtungen ihre je spezifische Bedeutung. Das Oben thematisiert andere Erlebnisinhalte als das Unten, das Rechts andere als das Links. Das ist im Ausdruck der Handschrift nicht anders, und die Graphologie hat hieraus Interpretationsmöglichkeiten gewonnen. Die Bedeutungen werden intersubjektiv erlebt und somit kann man sich über sie verständigen. Dies ist heute besonders durch die Traumdeutung bekannt, die hierin eine ihrer Grundlagen hat. Für sie ist es nicht gleichgültig, ob eine geträumte Szene sich im Dachgeschoß oder im Keller eines Hauses abspielt, ob ein geträumtes Wesen am Himmel fliegt oder auf der Erde kriecht. Oben ist das Leichte, Geistige, somit auch die Thematik des Erkennens und Wissens, die befreien, aber auch bedrücken kann. Unten ist das Schwere, aber auch der ›Boden unter dem Füßen‹, das Tragfähige, welches retten oder aber anketten kann. Ebenso ist es mit dem Links und dem Rechts im Bedeutungserleben. Rechts ist die Zukunft, die Richtung der Tat, der Umwelt, die uns erwartet, die Richtung der Auseinandersetzung und somit des Erfolges oder des Scheiterns. Links ist die Richtung der Vergangenheit, des Erlebens, der intimen Mitwelt und Partnerschaft oder gar der Selbstkonfrontation, des Problems der Identität, die Richtung des Rückzuges auf sich selbst.

Im Sterne-Wellen-Test wird das Oben durch die Sterne und den Himmel repräsentiert, das Unten durch Wellen, durch Wasser. Offen bleibt dem Thema nach, ob das Rechts und das Links im Test betont gestaltet wird, denn Sternenhimmel und Meereswellen führen zu einer horizontalen Gliederung ohne rechte und linke Sondergestaltung. Dennoch sind auch hier Rechts und Links im Bild nicht bedeutungsgleich. Es ist für die Interpretation des Tests nicht gleichgültig, ob sich etwa die Sterne im rechten oder aber im linken Bildraum drängen, ob ein Felsen am rechten oder am linken Bildrand die anbrandenden Wogen bricht. — Die Mitte ist Ausgangspunkt oder Integrationszentrum des Ich-Selbst. Beim Baumtest ist sie Entfaltungsursprung, da das

Organisch-Lebendige sich aus der Mitte nach außen hin entfaltet. Im Sterne-Wellen-Test ist sie räumliches Integrationsziel, da Himmel und Wasser in entgegengesetzten Richtungen ihren Ursprung haben.

Entsprechend diesen Dimensionen des Bildraumes muß die Auswertung des Sterne-Wellen-Tests den vertikalen und den horizontalen Aufbau des Bildes und gegebenenfalls das Bildzentrum beachten. Dabei ist einerseits die Ausdehnung der einzelnen Raumzonen von Bedeutung, andererseits die inhaltliche Betonung der entsprechenden Bereiche. Alle solche Akzentuierungen können symbolische Bedeutung haben; wie schon betont wurde, müssen sie es aber nicht unbedingt.

Vertikaler Aufbau des Bildes

Die Thematik des Tests (›Sternenhimmel über Meereswellen‹) gibt schon einen vertikalen Aufbau der Zeichnung vor. Anders als das Links und Rechts ist ein unterscheidbares Oben und Unten im SWT immer angesprochen. Für die Interpretation des vertikalen Aufbaues im einzelnen Test kommt es auf das Verhältnis an, in dem beide Bereiche zueinander stehen. Als leitende Gesichtspunkte für die Auswertung kann man die folgenden unterscheiden:

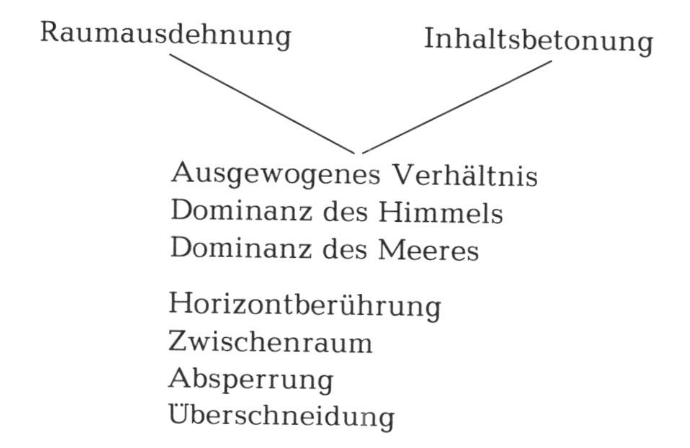

Abb. 13 ♀ 15;8

Abb. 14 ♂ 11;9

Abb. 15 ♀ 10;10

Abb. 16 ♀ 29;—

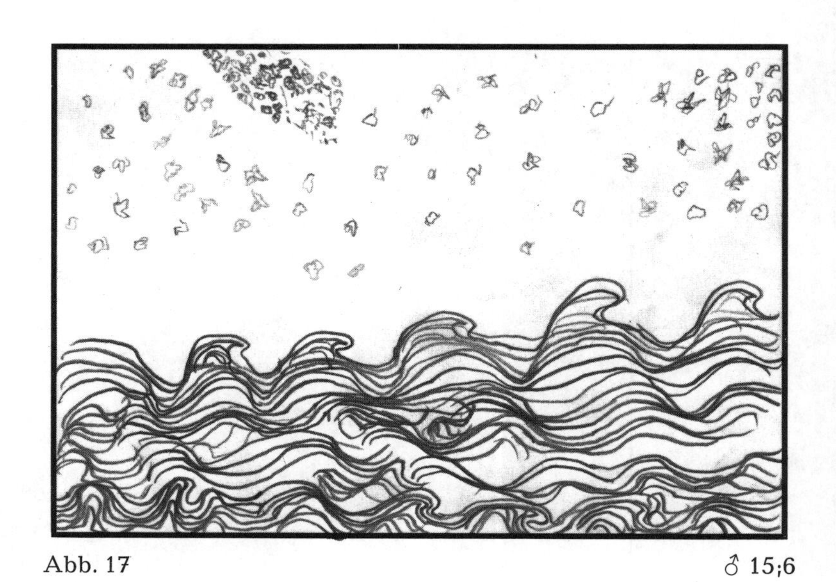

Abb. 17 ♂ 15;6

Abb. 18 ♀ 7;9

Ein *ausgewogenes Verhältnis* der *Raumbereiche* von Himmel und Meer liegt vor bei optischer Gleichgewichtigkeit beider. Sie ist unschwer eindrucksmäßig erfaßbar, wie Abb. 13 besonders schön zeigt, ebenso auch die Abbildungen 2, 3 und 4 (S. 18, 19 u. 29). *Dominiert* der *Himmelsraum*, wie in Abb. 14, so zeigt sich eine Überbeanspruchung des geistigen Bereichs an. Im vorliegenden Beispiel ist es die Denküberforderung eines 11jährigen in der Umschulungssituation. Ein Überwiegen des *Wassers* spricht von einer gesteigerten Emotionalität. In Abb. 15 tritt sie als hohe sensuell-seelische Ansprechbarkeit auf, die jedoch hier rational gut bewältigt wird (gut konturierte Sterne). Bei räumlicher *Ausgewogenheit* wird keiner der Bereiche zum dominierenden Erlebnisinhalt.

Bei *inhaltlicher Dominanz* wird ein bestimmtes Thema des betreffenden Bereiches zum Problem oder gar zum Konflikt. Test Abb. 16 ist räumlich ausgewogen, zeigt aber inhaltlich eine Überbetonung der *Sterne*; die Zeichnung stammt von einer 29jährigen Intellektuellen, die sich instinktunsicher und kontaktscheu ganz in sich zurückzieht, aber unter ihrer Einsamkeit leidet. Anders Test Abb. 17, bei dem die räumlichen Proportionen nicht weniger ausgewogen sind, hier aber der Eindruck des *Wassers* dominiert, das ruhelos und bedrückend wirkt. Der Zeichner ist ein 15jähriger, der seine geistige Orientierung noch nicht gefunden hat und zwischen Schüchternheit und Affektausbrüchen schwankt. In Test Abb. 13 (S. 40) sind sowohl räumliche als auch inhaltliche Betonung *gleichgewichtig*. Er stammt von einer starken, intensiv erlebenden 15jährigen ohne jede Störung.

Auch die *Horizontberührung* von Himmel und Meer ist in Test Abb. 13 sehr anschaulich, ebenso auch in Abb. 5 (S. 29). Beide Zeichnerinnen erfassen mit differenziertem Erleben die Szene als Ganzes. Diese Ganzheit des Erlebens fehlt, wo Meer und Himmel durch einen *Zwischenraum* getrennt sind. So ist es in Abb. 18, auch 10 und 11 (S. 43 und 36). Der Eindruck schon läßt aber hier auf unterschiedliche Ursachen schließen. In Abb. 10 entsteht der Zwischenraum dadurch,

Abb. 19 ♂ 12;—

Abb. 20 ♀ 12;—

daß eine Sachlösung vorliegt; der Zeichner stellt uns nacheinander den Sternenhimmel und die Wellen vor. Die Wiederaufnahme der Wellenbewegung in der Darstellung der Sterne überbrückt den Zwischenraum. Ganz anders in Abb. 18, wo der Zwischenbereich wie eine Trennschicht zwischen Wasser und Himmel wirkt — ein Eindruck, der durch die Tönung von Wasser und Himmel noch verstärkt wird. In Abb. 11 liegt eine völlige Isolierung der Bereiche vor; die Sterne reihen sich dicht am oberen Rande auf, das Wasser schließt dicht über dem unteren ab. Die Testantwort wirkt karg und starr. Eine Erlebnisbeteiligung an dem Thema ist hier nicht zu bemerken.

Eine *Absperrung* des Wassers gegen den Himmel verbaut die beiden Bereiche gegeneinander; sie ist wohl immer durch Störung bedingt. Eine solche zeichnet der offenbar emotional gestörte Sonderschüler in Test Abb. 19: Symbolisch wirkt die affektiv gedunkelte Wasserfläche wie eine Abschnürung, eine Mauer; nicht weniger betont und doch ebenso starr wirken die Sterne. Der Test legt nahe, die Lernschwäche des 12jährigen in seinem persönlichen Schicksal begründet zu sehen. Ganz anders läßt die lockere *Überschneidung* von Himmel und Wasser in Test Abb. 20 der gleichaltrigen Grundschülerin auf eine Eindrucksüberschwemmung schließen, der sich das Kind unbewußt (der geschwärzte Mond!) zu erwehren sucht. Einer solchen Überschneidung von Himmel und Wasser dürfte eine mangelnde Differenzierung von Gedanken und Gefühlen zugrundeliegen.

Horizontaler Aufbau des Bildes

Die Themenstellung des Sterne-Wellen-Tests gibt keine horizontalen Einteilungen vor. Die schlichte Darstellung des Himmels über dem Meer enthält zunächst nur eine vertikale Gliederung, sie kann also in horizontaler Hinsicht ganz unakzentuiert sein. Das gilt sowohl für die Raumbehandlung als auch für die inhaltliche Ausführung. Es können aber dennoch in beiderlei Hinsicht Betonungen auftreten. Der

Abb. 21 ♀ 33;—

Abb. 22 ♂ 16;7

SWT muß daher auch dem horizontalen Aufbau nach befragt werden. Dabei ergeben sich folgende Möglichkeiten:

Raumausdehnung — Inhaltsbetonung

unakzentuiert
linksbetont
rechtsbetont
mittenbetont

Die horizontal *unakzentuierte* Testantwort ist sozusagen der Normalfall. Beispiele dafür sind die Abbildungen 4 und 6 (S. 29 u. 30). Hier tritt in der Testzeichnung weder der Außenbereich noch der Innenbereich des Erlebens in besonderer Weise hervor.

Wird der *linke* Bildraum betont, so heißt das, daß der introverse Bereich des Zeichners gegenüber dem extroversen für das Erleben thematisch geworden ist. Häufiger als durch Raumausdehnung ist die linke Seite des Bildes durch Inhaltbetonung akzentuiert. Im Test 21 bäumt sich links eine Woge auf, während das Wasser rechts glatt und unbewegt ist. Hiermit können spontane Erlebnisimpulse ausgedrückt sein, die verebbt sind, ehe sie zur Realisierung kommen könnten. Freilich werden sie offenbar nicht durch einen Widerstand gehindert — hierfür fehlt jedes Anzeichen des Entgegenstehenden —, sondern es liegt nicht in der Natur der Zeichnerin, initiativ und zugleich aktiv-ausführend zu sein. Der sanft und sonst fast matt ausgeführte Test legt es nahe. Der ganz ähnliche Test 22 stammt von einem 16jährigen Neger, der seine intensiven Wünsche durch seine passive Natur nicht zu realisieren vermag. — Manchmal treten Sterne dichter an der linken Himmelsseite auf, oder ein Felsen erscheint links im Bild. In diesem Fall ist die introverse Thematik des Zeichners unbewußt problematisch oder gar konfliktträchtig geworden. Ein anschauliches Beispiel ist der kombinierte Test Abb. 97 (S. 174).

Abb. 23 ♂ 18;—

Wenn der Raum *rechts* im Bild stärker ausgeprägt ist, so kann dies auf eine aktuell gewordene extroverse Thematik hinweisen. Findet sich jedoch eine inhaltlich ausgeprägtere Betonung der rechten Bildhälfte, so werden wir eine Problematik des Zeichners in bezug auf Umweltkontakte, auf die Zukunft, auf die Frage des Berufes vermuten können. Auch sie kann bis zum Konflikt gesteigert sein, wie es gerade bei Jugendlichen häufiger der Fall ist. Dies ist besonders naheliegend, wenn zusätzlich eine fixierende Schwärzung erscheint. Test 23 ist ein Beispiel hierfür. Der Zeichner erlebt seit seiner Kindheit die Bedrängung durch seine weitere Familie und im Jugendalter die Auseinandersetzung mit ihr. Das beeinträchtigt ihn nicht nur emotional, sondern ihm wird hierdurch auch seine berufliche Zukunft versperrt. Die fixierend geschwärzte Linie, die den Strand abgrenzt, ist Hinweis auf einen Konflikt.

Eine *Mittenbetonung* könnte in der horizontalen Gliederung erscheinen, wenn der Mittenraum zwischen beiden

Bildhälften akzentuiert oder ausgespart wird oder eine inhaltliche mittenhafte Akzentuierung vorliegt. Mit einer Betonung des Mittenraumes kann die im Vordergrund stehende Thematik des Emotionalen und Personalen gemeint sein. Hinweis auf eine aktuelle Problematik wäre die inhaltliche Betonung der Mitte, etwa durch die Andeutung einer Vertikalen bei der Ausfüllung des Bildes.

Bildzentrum

Eine sehr wichtige Art der Testantwort ist die Behandlung des Bildzentrums. Sie gibt einen recht eindeutigen Hinweis auf das Thema des Ich-Selbst, der eigenen Person in ihren existenzialen Bezügen. Das Bildzentrum ist entweder

unakzentuiert
räumlich betont
inhaltlich betont.

Die Mitte des Bildes kann *unakzentuiert* bleiben, und dies ist meistens der Fall, zumal bei Sachlösungen, Bild- und Formlösungen. Anders bei Stimmungslösungen, die häufig Andeutungen von Mittenbetonungen geben, oder bei direkten Sinnlösungen. Die Letzteren gehen oft ineinander über.

Wenn nur der *Mittenraum* als solcher betont ist, sei es durch Aussparung oder durch graphische Hervorhebung, so wird das Thema des Ich-Selbst ganz allgemein im Erleben des Zeichners aktuell sein. Die besondere existentielle Bedeutung des Selbsterlebens drückt sich jedoch erst durch die *inhaltliche* Betonung der Mitte aus. Dies kann die unterschiedlichste Valenz haben, wofür einige Beispiele gezeigt werden sollen.

Das Bildzentrum des SWT wird häufig durch ein Mittengestirn betont. In Test 84 (S. 138) ist es der Ausdruck des selbstbewußten Sohnes einer verwöhnenden Familie, der eine Korona von Sternen um dieses Ich-Symbol zeichnet. Im Test 97a (S. 174) findet es sich als kindlich gezeichneter Mond, dessen konfliktträchtige Bedeutung durch die fixierend geschwärzte Umrißlinie erkennbar wird; er dürfte die

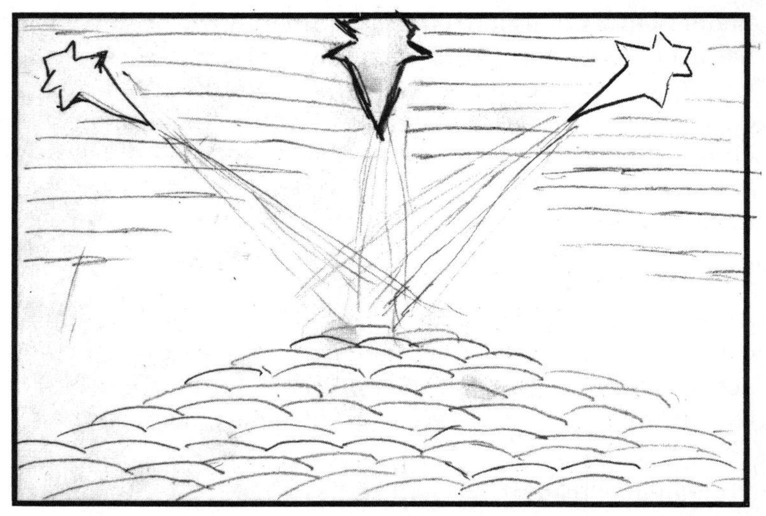

Abb. 24 ♂ 17;—

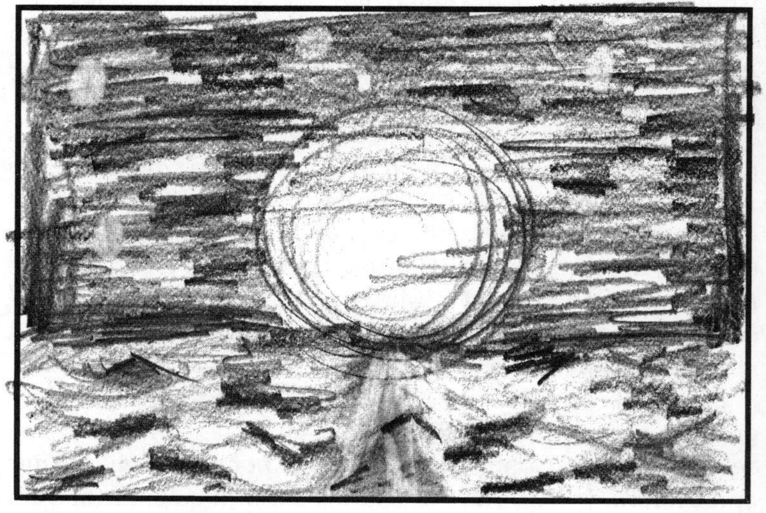

Abb. 25 ♀ 33;—

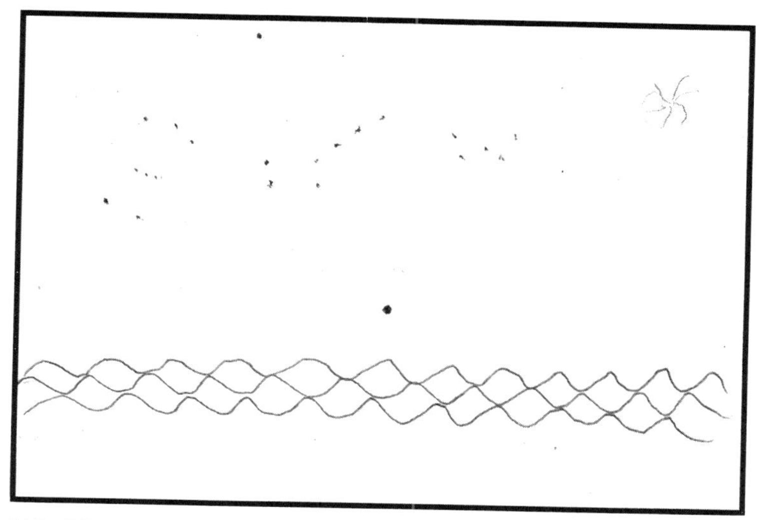

Abb. 26 ♂ 73;—

Bemühung um ein Verstehen dessen ausdrücken, was die 13jährige affektiv aufwühlt, letzteres durch hohen Seegang angezeigt. Ein sanfter, aber betonter Stern in der Mitte des Himmels findet sich in dem Bild 94 (S. 168), das der 18jährige mit einer problematischen Bindung an die Mutter zeichnet.

Vier weitere Beispiele sollen die sehr unterschiedlichen Bedeutungsmöglichkeiten betonen, die das Mittengestirn haben kann. In Test 24 kommt eine jugendliche Selbstbetonung zum Ausdruck. Der Stern, der in der oberen Mitte steht und die Bildmitte beleuchtet, zieht zugleich wie magnetisch alles Wasser zu dieser Bildmitte hin. — Wie ganz anders wirkt der fixierend geschwärzte klecksartige Mittenstern des selbstunsicheren 11jährigen (Abb. 14 S. 40). — Ein unbefangenes Selbstvertrauen dagegen drückt das Riesengestirn im gedunkelten, emotional betonten Bild einer 33jährigen starken und begabten Hausfrau und Mutter aus (Abb. 25). — Bescheiden und vereinzelt schließlich läßt ein

Mittenstern in dem sparsam, aber ausdruckshaltig gezeichneten Test eines 73jährigen erkennen, daß hier das Ich zum Thema geworden ist, aber ohne die Valenz des Ich-Anspruchs oder Ich-Konfliktes der vorigen Tests. Dem Wissenschaftler ist das Problem des Ich zum theoretischen Lebensthema geworden. Die bedeutungsträchtige Wellenlinie in Form eines Zaunes in einem Test läßt auf Lösungsängste schließen, welche hier durch eine jahrelange Fast-Erblindung zu verstehen sind (Abb. 26).

4. Sachsymbolik

Zu Sachsymbolen können alle möglichen Gegenstände und Lebewesen unserer Umwelt werden. Wie der Raum im Erleben seine symbolischen Richtungsqualitäten hat, so können alle Gegenstände Träger symbolischer Gehalte sein. Aus den Bereichen der Kunst und des Kultes sind solche Symbole bekannt. Geeignete Gegenstände repräsentieren hier etwas, das sich der unmittelbaren konkreten Abbildung entzieht. Der Ausdruck tiefenpsychischen Erlebens in Symbolen ist in unserem Jahrhundert besonders durch die Traumdeutung herausgestellt worden. Auch im SWT (wie in anderen Projektionstests) können dargestellte Gegenstände mit symbolischen Qualitäten auftreten, die dann das unbewußt eigentlich Gemeinte sind. Das Symbol weist also auf einen Sinngehalt, der durch einen Wesenszusammenhang mit der gezeichneten Gestalt verbunden ist. Ein Felsen am Rande des Testbildes, wenn er als Symbol gezeichnet wird, weist auf ein ›Widerständliches‹ im Erleben des Zeichners hin. Dieses dann mit Hilfe anderer Diagnostika und aus Anamnese und Exploration zu erfahren ist unsere Aufgabe in der Lebensberatung und Therapie. Daß ein Felsen am rechten Bildrand das Erlebnis eines äußeren Widerstandes bedeuten wird, legt schon die Raumsymbolik nahe. Wenn ein Felsen links im Bild ist, also auf der introversen Seite — was sehr viel seltener vorkommt —, so wird der Konflikt eine Herzensbindung betreffen, sehr persönlich sein. Ein betonter

Stern oder ein Leuchtturm, ein fixierend geschwärzter Mond werden eine geistige Thematik betreffen. Eine betonte Brandung läßt auf aufgewühlte Affekte schließen.

Alle im SWT auftretenden Gegenstände können symbolische Bedeutung haben, sie müssen es aber nicht[2]. Deutlich zeigen Bildlösungen von Kindern Gegenstände als Ausschmückungen, die in anderen Tests — von meist älteren Zeichnern — als symbolhaltige Aussagen auftreten. Dem geübten Blick wird bald eine Unterscheidung von fabulierender Zutat und Symbol möglich sein, um bei Vermutung eines Symbols in der Exploration entsprechende Fragen zu stellen.

Im Sterne-Wellen-Test sind naturgemäß ›Sterne‹ und ›Wasserwellen‹ vor allem prädisponiert, als Symbol vom Zeichner erfahren und gezeichnet werden. Zusätzliche Darstellungen, die in der Testaufforderung nicht mit erfragt worden waren, legen die Vermutung symbolischer Bedeutung jedoch noch näher. So hat sich in der eigenen Praxis nicht ein einziges Mal ein ›Felsen‹ im SWT gefunden, der sich in der Anamnese und Exploration nicht als symbolischer Hinweis auf einen massiven Widerstand gegen die eigenen Lebensimpulse erwies.

Was sich bisher in den Tests gefunden hat, läßt sich wie folgt zusammenstellen:

Elemente

Sternenhimmel: Sterne, Mittelstern, Mond, Komet, Licht, Wolke, Gewitter

Meereswellen (Wasser): Wellengang, Brandung, Schaumkronen, stille See, Wellengitter, vereistes Wasser

Einzelgestaltungen

am Himmel: Flugzeug, Rakete, UFO, Vögel, Engel

---

[2] Hinweise auf die in den abgebildeten Tests vorkommenden Objekte gibt der Index am Schluß des Buches.

zum Meer: Strand, Felsen, Böschung, Bäume, Insel, Leuchtturm, Boje, Schiffe, Fische, Wellengleiter, badende Kinder.

Sterne gehören zu den Grundsymbolen des Tests. Der Sternenhimmel wird nur selten in bloßen Andeutungen von Sternen gezeichnet, die dann meist als Punktsterne auftreten. Im allgemeinen sind deutlich Sternformen zu unterscheiden, ja Sterne erfüllen den Himmelsraum, sie repräsentieren ihn, besonders beim jüngeren Kind. Die üblichsten Formen der vorkommenden Sterne sind der Strichstern (1), der Kugelstern (2), der Kreisstern (3), der Flächenstern (4), der Davidstern (5), der Spinnenstern (6), der Blütenstern (7), der Punktstern (8) und der Strahlenstern (9). Die Benennungen sind hier an die einzelnen Formen anknüpfend gewählt. Gelegentlich tauchen auch Dekorationssterne (10) auf, deren Vorbilder Kunststerne sein dürften. Außerdem findet sich in manchen Zeichnungen, auch neben anderen Sternen, der Komet mit einem Schweif.

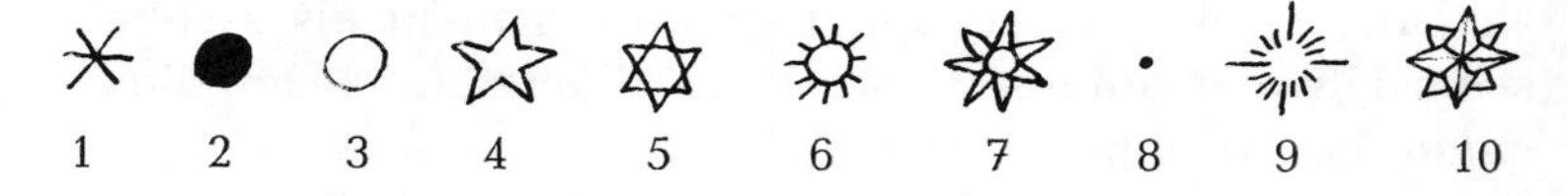

Die Sterne können unterschiedlich angeordnet sein. Manchmal finden sie sich dem wirklichen Himmelssternbild nachgezeichnet, etwa in der Gestalt des ›Großen Bären‹. Als bedeutsam hat sich besonders der Mittenstern erwiesen, der in verschiedenen Formen auftreten kann. Es wurde schon darauf hingewiesen, daß sich das Selbstgefühl des Zeichners darin ausdrücken kann. Wenn dieser Stern besonders groß ist, erlebt sich der Zeichner als ›Star‹. Schwache, zaghafte Sterne können bedeuten, daß das Thema Geist im Erleben des Zeichners im Hintergrund steht. Sie können aber auch aussagen, daß diese Thematik nicht bewältigt wird, und dies kann sogar konfliktträchtig sein. Freilich wird sich die Bedeutung dann durch die räumliche Dominanz des Himmels und ein Konflikt häufig durch die Strichart ausdrücken. Ein

Beispiel hierfür ist die fixierende Schwärzung von winzigen Punktsternen, die eine 18jährige nach zwei Selbstmordversuchen im Test erkennen ließ[3].

Neben Sternen kommt vor allem der *Mond* am Himmel des SWT vor, der häufig durch fixierende Schwärzung betont ist und die Symbolik des Lichtes in besonderer Ausprägung vertritt. Der Mond ist am nächtlichen Himmel die Lichtquelle kat' exochen. Und wenn der Mond durch Größe, Stellung im Bild oder fixierende Schwärzung betont ist, so ist die Lichtquelle betont und Licht ist das Symbol für die Thematik des Geistigen. Er findet sich z. B. in dieser Form häufig bei Schülern, die um bessere Konzentration und Denkfähigkeit ringen.

Am Himmel finden sich auch Naturerscheinungen der Atmosphäre, wie *Wolken* oder gar *Gewitter*, die den Stimmungsgehalt des Bildes mitprägen.

Gerade bei Kindern ist der Himmelsraum aber häufig auch wahrhaft bevölkert von anderen Erscheinungen. Hier sind zuerst *Vögel* zu nennen, gelegentlich auch *Engel*. Es treten aber auch oft technische Gegenstände auf, wie Raketen, Flugzeuge, UFOs. Ein Symbolgehalt ist hier seltener anzunehmen, es sind oft auch spielerische Zutaten des ausdrucksfreudigen Zeichners.

Im unteren Bereich des Tests mit der Thematik *Meereswellen* gehen Ausdruck und Symbolik stark ineinander über. Meereswellen sind Wasser, und Wasser ist das Symbol für Seelisches. Die Testaufgabe provoziert zur Zeichnung der Wellen eine rhythmisch verlaufende Linie, die als solche Ausdruck des Seelischen ist, denn Rhythmus ist Anzeichen seelischer Intaktheit. Im Test zeigt sich zunächst, ob das Thema ›Wellen‹ überhaupt aufgenommen worden ist; sodann können wir das ›Wie‹ der Wellen auf den Erlebnisausdruck hin betrachten; schließlich sehen wir Wellen auch als Symbol für Erlebnisinhalte.

---

[3] Besprochen in Ursula Avé-Lallemant ›Familiendynamik einer jugendlichen Borderline-Patientin im psychologischen Test‹, Dynamische Psychiatrie IX/6, 1976, S. 420—432.

Wie in der Traumdeutung weist die unterschiedliche Art von Wasser und Wellen auf entsprechende Erlebnishaltungen und -inhalte. Wogen drücken starke Affekte aus, harmonisch schwingende Wellen eine sanfte, dabei ansprechbare Emotionalität. Schlaffe zerstückelte Wellen finden wir bei passivem oder depressivem Erleben. Straffe, spitze Wellen lassen auf eine wache und intensive Erlebnishaltung schließen, zaghafte, zerbröckelnde auf eine gefühlsunsichere Persönlichkeit. Zu Zacken verhärtete Wellen zeigen uns eine Erstarrung von Erlebnisinhalten oder Erlebnishaltungen an. Und eine wie eisverkrustete Wasserfläche wird von einem Zeichner stammen, der erlebnisgehemmt ist.

Wellengang weist auf eine lebhaftere Gefühlslage, Brandung gar auf stürmische Affekte. Bei Schaumkronen war immer ein aktueller Erlebniskonflikt des Zeichners vorhanden. Bei ›Gewitterwellen‹ ergaben sich Lösungsängste des Zeichners. Das schlaffe Wasser kann Ausdruck oder auch Symbol für Erlebnismüdigkeit sein. Die tragende Wasserwoge findet sich bei seelischem Elan.

Eine ganz andere Bedeutung hat alles, was *Ufer* im weitesten Sinne ist. Es hat in bezug zum Meer die Valenz des Festen. Fest kann sein, was den erwünschten Boden unter den Füßen bietet. Fest kann aber auch sein, was Widerstand ist, was die Woge bricht, was das Schiff scheitern läßt.

Mehr als für den Strand gilt dies noch für den *Felsen*, der fast eindeutig Widerstand anzeigt. Felsen im SWT gehören zu jenen überraschenden Erfahrungen, die im Thema selbst nicht erfragt worden sind, aber immer wieder auftauchen. Wie schon gesagt bestätigten sie sich in der Anamnese als Symbol für das bedrückende Erlebnis eines Widerstandes. Weniger dramatisch ist die *Böschung* am Strand, die einen Übergang vom flachen Sand zum Felsen bildet. Eher positiv sogar ist die *Insel* zu deuten, eine Oase in der Weite des Meeres, ein ruhender und fester Punkt; sie kann auch auf Einsamkeitsgefühle oder -bedürfnisse hindeuten.

Der *Leuchtturm* ergänzt Insel oder Küste noch mit dem Hinweis auf wegweisendes Licht, das jetzt nicht aus der natürlichen Quelle von Mond und Sternen kommt, sondern künstlichen Ursprungs ist. Der *Baum* am Ufer macht das bedrohliche Land, an dem man scheitern kann, zum gastlichen Ziel für den Schiffer.

Das *Schiff*, mit dem sich der Mensch auf das Meer hinauswagt, ist dort das Behausende, sein Wohnraum. Wenn es als scheiterndes oder sinkendes dargestellt wird, kann es das Erlebnis der Ungeborgenheit, auch das ›gescheiterter Hoffnung‹ symbolisieren. Es ist aber auch das Symbol des abenteuerlichen Aufbruchs und glücklicher Überfahrt in die Ferne. Der *Wellengleiter* zeigt das Spielerische jenes Menschen mit den Elementen, der das Risiko nicht scheut. *Fische* sind dagegen die natürlichen Bewohner des Wassers, das sie beleben.

Spielende Kinder im Wasser dürften wohl oft nur ausmalendem Fabulieren des Zeichners entspringen. Sie zeigen aber auch ein unbekümmertes Vertrautsein mit dem Element.

5. Stricharten

Der zweite diagnostische Schwerpunkt neben der Symbolauswertung liegt beim Sterne-Wellen-Test bei der Analyse des Zeichenstrichs. Seine Auswertung setzt die Benutzung eines Bleistiftes voraus. August Vetter hat für die Analyse des Wartegg-Zeichentests und der freien Zeichnung als Ergänzung der Symboldiagnose, die aus dem Erfahrungsbereich der Tiefenpsychologie stammt, die graphologische Diagnose des Zeichenstrichs empfohlen, die der Charakterologie zugeordnet ist. Ich habe die Strichanalyse in einer erweiterten Form[4] für andere Zeichentests übernommen und sie insbesondere auch für den Baumtest eingeführt[5]. Beim Sterne-Wellen-Test erweist sich dies durch den breiten Spielraum der Ausfühung als besonders ergiebig.

---

[4] Die Herkunft der einzelnen Kriterien ist im Anhang beim Index der Stricharten angegeben.

[5] Ursula Avé-Lallemant: ›Baum-Tests‹, Olten-Freiburg 1976.

In der Strichanalyse können wir vier Kategorien unterscheiden: die Strichführung, die Strichcharaktere, Strichstörungen und die Flächenbehandlung[6].

Strichführung

Die Strichführung kann im schwingend verlaufenden Pendelstrich oder im gesteuerten Einzelstrich erfolgen. Ferner kann sie sicher oder unsicher sein, mit abgesetztem oder unabgesetztem Strich verlaufen. Es ist also nach folgenden Gesichtspunkten zu fragen:

Einzelstrich
Pendelstrich
sicher
unsicher
unabgesetzt
abgesetzt

Von allen Stricharten stehen beim SWT der Einzelstrich und der Pendelstrich im Vordergrund des Interesses. Sie sind durch die Motive Sterne und Wellen provoziert und wären also dem Thema nach stets zu erwarten, während andere Stricharten fallweise vorkommen können. Die Erfahrung hat aber gezeigt, daß zwar der Einzelstrich tatsächlich in jeder Art von Sterngestaltung erscheint, die erfragten Wellen aber nicht immer im Pendelstrich gezeichnet werden. Auch dies ist diagnostisch auswertbar. Einzelstrich und Pendelstrich repräsentieren zwei Grundfunktionen des menschlichen Lebens: die Formungsfähigkeit und den biopsychischen Lebensvollzug. Die Interpretation des Einzelstriches betrifft also eine Lebensfunktion des personalen Bereichs im Menschen, die des Pendelstrichs eine solche des Vitalbereichs.

Der *Einzelstrich* entsteht bei der Steuerung des Zeichenstifts gemäß bestimmten Zielvorstellungen, deren Ausfüh-

---

[6] Hinweise auf das Vorkommen der verschiedenen Stricharten in den abgebildeten Tests im Index am Schluß des Buches.

rung angestrebt wird. Sein Auftreten läßt also Rückschlüsse auf Steuerfähigkeit zu. Rationale Steuerfähigkeit ist einem Menschen eigen, der seine Impulse unter Kontrolle hat und der seine Ziele konzentriert verfolgen kann.

Der *Pendelstrich* besteht in einer locker schwingenden Wellenlinie, die im Unterschied zum Einzelstrich nicht durch Spannung, sondern gerade durch Entspannung entsteht. Die zeichnende Hand setzt an, schwingt sich in einen Rhythmus ein und führt den Stift locker über das Papier. Zu dieser Strichführung ist fähig, wer sich lockern, wer sich seinen Eigenrhythmen hingeben kann. ›Ich‹ steuere den Einzelstrich, ›es‹ in mir läßt den Pendelstrich entstehen, läßt den Strich zu einer Wellenlinie auspendeln. Der Pendelstrich ist vor allem ein Hinweis auf die Ungestörtheit der Lebensabläufe.

Der *sichere Strich* entsteht bei zügiger, schlanker Linienführung. Er verrät, daß der Zeichner sein Ziel ohne Irritierung angestrebt und erreicht hat. Es ist dabei gleichgültig, ob es sich um die Konturierung von Sternen, um das schwingende Darstellen von Wellen oder um andere Gestaltungen handelt. Von dem sicher gezeichneten Strich schließen wir auf einen unbefangenen, sicheren und vermutlich auch nicht leicht irritierbaren Menschen.

Anders beim *unsicheren Strich*: hier zögert der Zeichner, die Strichführung stockt, der Strich wird zittrig und zaghaft, quält sich zum Ziel der Gestaltung voran. Wir können annehmen, daß der Zeichner leicht irritierbar ist, selbstunsicher, zaghaft. Das kann in der Eigenart seines Charakters liegen, es kann aber auch auf eine Störung hinweisen.

Der abgesetzte Strich muß vom unsicheren unterschieden werden, der unabgesetzte vom sicheren. Beides kann zusammen, beides getrennt vorkommen. Der *abgesetzte Strich* läßt erkennen, daß der Zeichner sich während der Darstellung überprüft, anschauend verweilt, wieder den Kontakt mit dem Zeichenblatt aufgenommen hat. Distanz und Kontakt wechseln ab, Anschauen und Durchführen sind integrierte Vorgänge. So läßt der abgesetzte Strich einen reflektierenden, sich je neu überprüfenden Zeichner erkennen. Beim *unabgesetzten Strich* dagegen wird beharrlich der Kontakt mit dem Zeichenblatt gehalten oder gar festgehalten. Der Zeichner verfolgt das vom Auge anvisierte Ziel Schritt für Schritt unmittelbar weiter.

Strichcharaktere

In den von August Vetter eingeführten vier Strichcharakteren unterscheiden wir zunächst einmal zwei Grundarten des Zeichenstriches: den druckschwachen und den druckstarken.

Man kann druckschwach zeichnen, mehr tastend, das Papier nur sanft berührend. Ist der Strich dann schmal, so spricht man von einem *zarten Strich*, ist er dagegen breit, so von einem *tonigen Strich*. Der druckschwache Strich läßt auf ein Vorherrschen der Rezeptivität beim Zeichner schließen. Dabei weist der zarte Strich auf Einfühlsamkeit und Gespür hin, der tonige dagegen auf sinnenhafte Ansprechbarkeit und vorwiegende Sensualität.

Der Zeichner kann ein Bild aber auch druckstark ausführen. Ist die Zeichenspur dann schmal, so kommt es zu einem *scharfen Strich*. Ist sie dagegen breit, so spricht man von einem *festen Strich*. Der scharfe Strich verweist auf rationale Steuerungsfähigkeit, auf wache Bewußtseinskontrolle. Der feste Strich dagegen spricht von einer mehr triebhaften, naturhaft-spontanen Haltung des Menschen.

Man kann also zuordnen:

zarter Strich	=	druckschwach und schmal
toniger Strich	=	druckschwach und breit
scharfer Strich	=	druckstark und schmal
fester Strich	=	druckstark und breit.

Strichstörungen (Störsymptome)

Die Störsymptome des Striches habe ich aus der Erfahrung an Handschriften und Zeichnungen psychisch gestörter Jugendlicher gewonnen.

Es ergab sich zunächst, daß von den Strichcharakteren August Vetters vier ›negative Extremformen‹ ableitbar sind: zart kann zu zart-fragil werden, tonig zu tonig-schwammig, scharf zu scharf-hart, fest zu fest-deftig. Zwei weitere Störsymptome zeigten sich unabhängig davon: der gestückelte Strich und die fixierende Schwärzung. Graphische Störsymptome sind somit:

Zart-fragiler Strich
Tonig-schwammiger Strich
Scharf-harter Strich
Fest-deftiger Strich
Gestückelter Strich
Fixierende Schwärzung.

Der *zart-fragile Strich* ist nicht nur zart, sondern zerbrechlich oder brüchig, er ist schwankend und unsicher in der Strichführung. Er weist auf eine Überempfindsamkeit des Gefühls hin, die Störbarkeit und Verletzlichkeit mit sich bringt.

Der *tonig-schwammige Strich* wirkt schmierig und verwischt. Er drückt eine sensuelle Ansprechbarkeit aus, die schon in Beeinflußbarkeit übergeht oder gar durch diese abgelöst worden ist. Es fehlt hier sowohl an Eindeutigkeit des Gefühls als auch an gedanklicher Kontrolle. Der tonig-schwammige Strich findet sich bei verunsicherten Kindern, die doch Nähe und Gefühlswärme suchen und daher leicht zu ›Mitläufern‹ werden.

Der *scharf-harte Strich* ist schmal und druckstark, jedoch so heftig, daß eine Rille im Papier entsteht. Er läßt auf ein einseitig rationales, vielleicht sogar verkrampftes Denken schließen, einen überspitzten Willenseinsatz vermuten.

Der *fest-deftige Strich* ist außer breit und druckstark noch von satter Derbheit. Hier muß eine ungesteuerte Triebhaftigkeit angenommen werden, die der Steuerung, ebenso aber des Gespürs entbehrt. Die Interpretation legt sich nahe: einseitig dranghaftes Spontanverhalten — bei Jugendlichen nach der Pubertät und bei Erwachsenen meist ein Entwicklungsrückstand der Persönlichkeit.

Der *gestückelte Strich* kommt meist an langen Linien vor, für die der SWT wenig Möglichkeiten bietet. Er findet sich im Baum-Test häufiger an den Konturen von Baumstämmen und Ästen. Hier liegt eine Unsicherheit vor, welche die Entstehung einer stetigen Linie verhindert, so daß es zu Stückelungen und Anflickungen kommt. Bezeichnenderweise sind Stückelungen — im Unterschied zu Zerbrechungen — miteinander verbunden. Sie sind Ausdruck nervöser Selbstkontrolle.

Die *fixierende Schwärzung* betont etwas Bestimmtes in der Zeichnung auf eine Art, die eine unbewußte Fixierung gerade an diese bestimmte Stelle verrät. Der Zeichner weiß offenbar selber nicht darum und kann, darüber befragt, keine Auskunft geben. Im Gespräch pflegt sich jedoch der gezeichnete Hinweis auf einen Konflikt zu bestätigen. Die fixierende Schwärzung findet sich auch in anderen Tests, so im Baum-Test und im Wartegg-Zeichentest.

Flächenbehandlungen

Durch den Zeichenstrich können nicht nur diagnostizierbare Linien entstehen, sondern auch Flächenbehandlungen, die ebenfalls ausdruckshaltig sind und in den graphischen Ausdruckstests zu wertvollen Hinweisen auf Eigenschaften oder auch psychische Störungen des Zeichners werden können. Wir unterscheiden in der Behandlung der Zeichenfläche

Schattierung	Dunkelung
Schraffierung	Rauhung.
Konturierung	

Schattierungen heben besonders das Stimmungshafte des Bildes hervor. Die sensuelle Ansprechbarkeit, die sich auch im tonigen Strich ausdrückt, wird hier zum Ausdruck einer schwebenden Stimmungslage. Dementsprechend ist die Interpretation: seelisch-sinnliche Ansprechbarkeit.

Schraffierungen dagegen sind in ihrem Ausdrucksgehalt bewußtseinsnah; ihre Herstellung fordert ja auch ein gewisses Maß an bewußter Kontrolle. Das Lineare als Ausdruck der Ratio und die ›Farbigkeit‹ der hergestellten Fläche als Ausdruck des Gefühls bilden hier eine Einheit. Somit weisen Schraffierungen auf ein Bedürfnis nach gedanklicher Durchdringung von gefühlten Inhalten hin.

Konturierungen sind rational betont, die Linie skizziert das Vorgestellte in einer Art Abstraktion. Dies kann in einem locker hingeworfenen Entwurf entstehen, in einer scheu und zurückhaltend gegebenen Testantwort oder in einer kargen Beschränkung auf die begriffliche Antwort aus einem Unvermögen heraus. Konturierung als solche sagt nicht mehr aus als: rational gegebene Antwort auf die Testanforderung.

Dunkelungen sind stärker betonte Färbungen des Bildes als bei Schattierungen, jedoch zu unterscheiden von den konflikthinweisenden fixierenden Schwärzungen. Dunkelungen sind Ausdruck der Intensität von Emotionen bzw. Affekten. Bei kleineren Kindern freilich muß in Rechnung gestellt werden, daß sie farbig zu malen gewöhnt sind und durch die Dunkelung oft nur die Farbwirkung des Buntstifts ersetzen wollen.

Die ›*Rauhung*‹ der Fläche erscheint als eine Art von Färbung, die durch disharmonisch gesetzte Einzelstriche entsteht und den Eindruck des Aufgeriebenen, Aufgerissenen vermittelt. Als Interpretation hierfür hat sich Kontaktschwierigkeit bestätigt. Diese Erfahrung stammt aus der Arbeit mit dem Baumtest, in dem die gerauhte Fläche häufiger am Stamm vorkommt.

Was in diesem Kapitel theoretisch in Aspekte der Betrachtungsweisen des SWT ausgegliedert worden ist, gründet in der konkreten Einheit eines je individuellen Ausdrucksbildes. Der ganzheitliche Eindruck, den wir bei jedem Test zuerst spontan haben, muß sich nach der systematischen Befragung wieder herstellen, gemäß der ganzheitlichen seelischen Struktur der Person.

In der Praxis der Diagnose wird man also den Eindruck des Testbildes auf sich wirken lassen, sodann den graphischen Ausdruck aus den verschiedenen Aspekten befragen und schließlich das einheitliche Erfassen des Bildes überprüft wieder zu einer homogenen Ganzheit menschlichen Ausdrucks verschmelzen lassen.

Der folgende praktische Teil des Buches gibt Gelegenheit, sich hierin zu üben.

Zweiter Teil

Beispiele aus der Praxis

I. Fünfzig Tests aus Kindergärten

Die im zweiten Teil folgenden Tests sollen dazu dienen, den SWT nun praktisch näher kennenzulernen.

Zuerst werden fünfzig exemplarische Beispiele hauptsächlich aus dem Vorschulalter gezeigt. Sie sind Teil einer breiter angelegten Erhebung aus Kindergarten und Kinderhort. Den Erziehern wurde hierfür die oben S. 24 f. wiedergegebene Anweisung für die Testaufnahme vorgelegt sowie ein begleitender Beurteilungsbogen. Um eine gewisse Vergleichbarkeit der Kinder und damit auch ihrer Ausdruckstests zu gewährleisten, sind die Fragen standardisiert. Sie bestehen aus sechs Gruppen, von denen durch Unterstreichung vier beantwortet werden mußten, zwei weitere nur bei besonderem Vorkommen oder Kenntnis der Umstände auszufüllen waren. Die fertigen Bogen werden jeweils mit abgedruckt. Eine kurze Beschreibung und Diagnose aus dem ausdruckspsychologischen Aspekt wurde von mir hinzugefügt.

Die Tests der Kleinkinder können den Wert des SWT für die frühe Erfassung von Charakteristika des Vorschulkindes nahebringen. Zum andern aber ermöglichen sie eine vorzügliche Einübung in das Sehen der Urelemente allen graphischen Ausdrucks überhaupt: in graphische Gestaltung und graphischen Bewegungsablauf.

Einiges über Anlage und Ergebnisse dieser Erhebung wird am Schluß des Kapitels mitgeteilt.

Abb. 27 ♀ 3;0

1. Leistungsverhalten

a) unbeholfen
b) lernen durch Übung
c) gewandt

2. Kontaktverhalten

a) scheu
b) unbefangen
c) aktiv

3. Spielverhalten

a) lustlos
b) anregbar
c) initiativ

4. Verhaltensstörungen?

a) gehemmt
b) launisch
c) aggressiv

5. Körperlicher Zustand

a) kränklich
b) normal
c) kraftvoll

6. Soziales Umfeld

a) belastend
b) ausreichend
c) fördernd

Der Test des 3jährigen zeigt deutlich, daß die Darstellung der Sterne aus dem Kritzelstrich entstanden ist, beinahe noch aus ihm besteht. Die Verteilung jedoch, die Ergänzung durch einige konturierte Sterne und vor allem den Mond beweisen, daß das Kind das Thema erfaßt hat. Raumverteilung ausgewogen, Formung bewältigt, Hin- und Herbewegung ohne Ablauf. Der Strich ist z. T. zart und scharf, überwiegend aber fest. Der Ausdruck triebhafter Willensbetonung überwiegt. Keine Störsymptome.

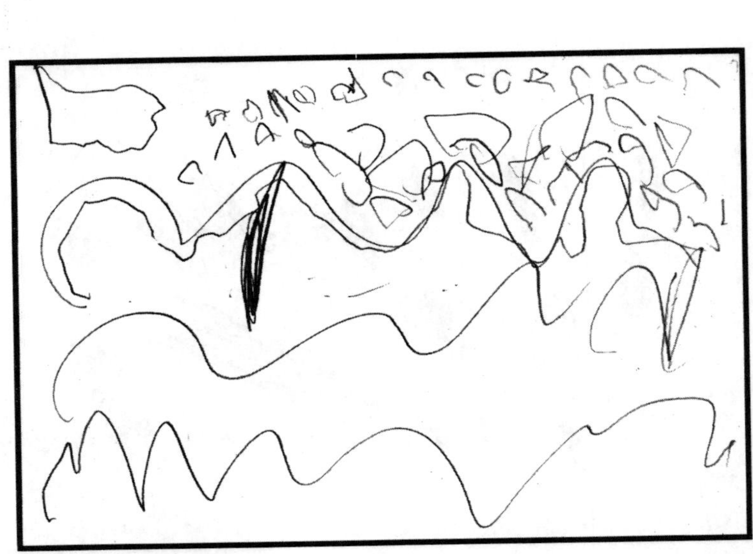

Abb. 28 ♂ 3;10

1. Leistungsverhalten

a) unbeholfen
b) lernen durch Übung
c) gewandt

2. Kontaktverhalten

a) scheu
b) unbefangen
c) aktiv

3. Spielverhalten

a) lustlos
b) anregbar
c) initiativ

4. Verhaltensstörungen?

a) gehemmt
b) launisch
c) aggressiv

5. Körperlicher Zustand

a) kränklich
b) normal
c) kraftvoll

6. Soziales Umfeld

a) belastend
b) ausreichend
c) fördernd

Deutlich heben sich Sterne und Wellen voneinander ab. Die Gestaltung der Sterne im Einzelstrich ist noch unbeholfen, die Wellenlinie läuft dagegen rhythmisch schwingend ab. Sehr schön ist der Verlauf der unteren Wellenlinie, die bewußt gestaltet wird und daher etwas enger anfängt, dann aber frei und locker ausschwingt. Der Raum ist gut ausgefüllt, die Form in Konturierung angestrebt. Der Strich ist zart bis scharf, Ausdruck der Rezeptivität und der Kontrolle. Keine Störsymtome.

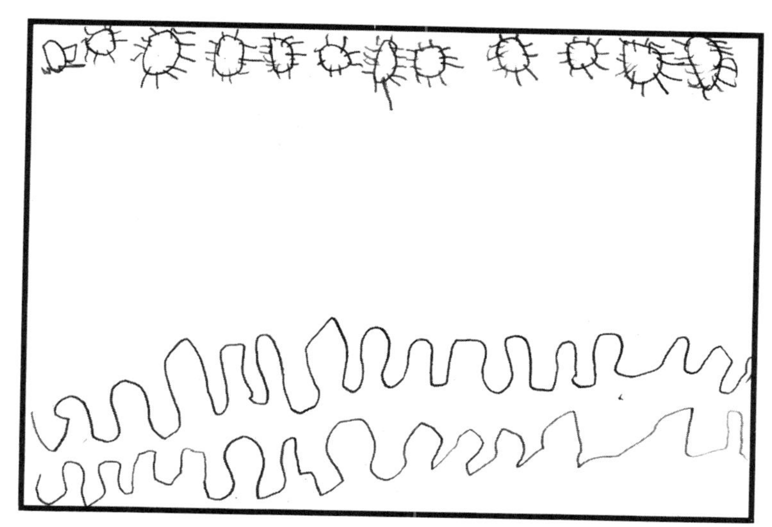

Abb. 29

♀ 3;9

1. Leistungsverhalten

a) unbeholfen
b) lernen durch Übung
c) gewandt

2. Kontaktverhalten

a) scheu
b) unbefangen
c) aktiv

3. Spielverhalten

a) lustlos
b) anregbar
c) initiativ

4. Verhaltensstörungen?

a) gehemmt
b) launisch
c) aggressiv

5. Körperlicher Zustand

a) kränklich
b) normal
c) kraftvoll

6. Soziales Umfeld

a) belastend
b) ausreichend
c) fördernd

Sterne und Wellen sind gut erfaßt, beide sind in gewissenhaft ›geführtem‹ Strich dargestellt. Der Strich ist einheitlich scharf. Das Kind reagiert verstandesmäßig, es befolgt brav die Aufgabe. Keine Störsymptome.

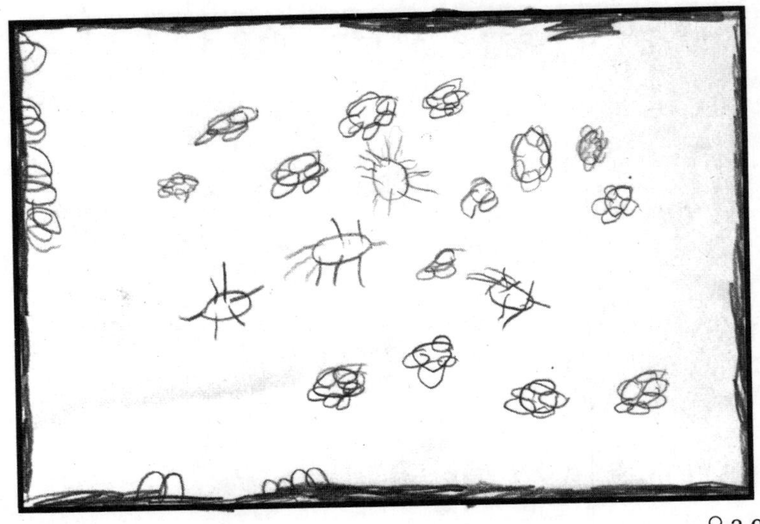

Abb. 30 ♀ 3;9

1. Leistungsverhalten

a) unbeholfen
b) lernen durch Übung
c) gewandt

2. Kontaktverhalten

a) scheu
b) unbefangen
c) aktiv

3. Spielverhalten

a) lustlos
b) anregbar
c) initiativ

4. Verhaltensstörungen?

a) gehemmt
b) launisch
c) aggressiv

5. Körperlicher Zustand

a) kränklich
b) normal
c) kraftvoll

6. Soziales Umfeld

a) belastend
b) ausreichend
c) fördernd

Das Thema ist erfaßt, jedoch in der Raumordnung nicht ganz bewältigt. Die Sterne sind in guter Raumverteilung über die Fläche verstreut, das Wasser umgibt dagegen den Himmel, die Wellen haften am unteren und linken Rand, die Bewegung ist nur angedeutet. Der Strich ist scharf, in der Umrandung fest, einige Sterne sind aber tonig-schwammig ausgeführt. — Sporadischer Einsatz, etwas ungleichgewichtig; bedrängte Ränder lassen Hemmungen vermuten.

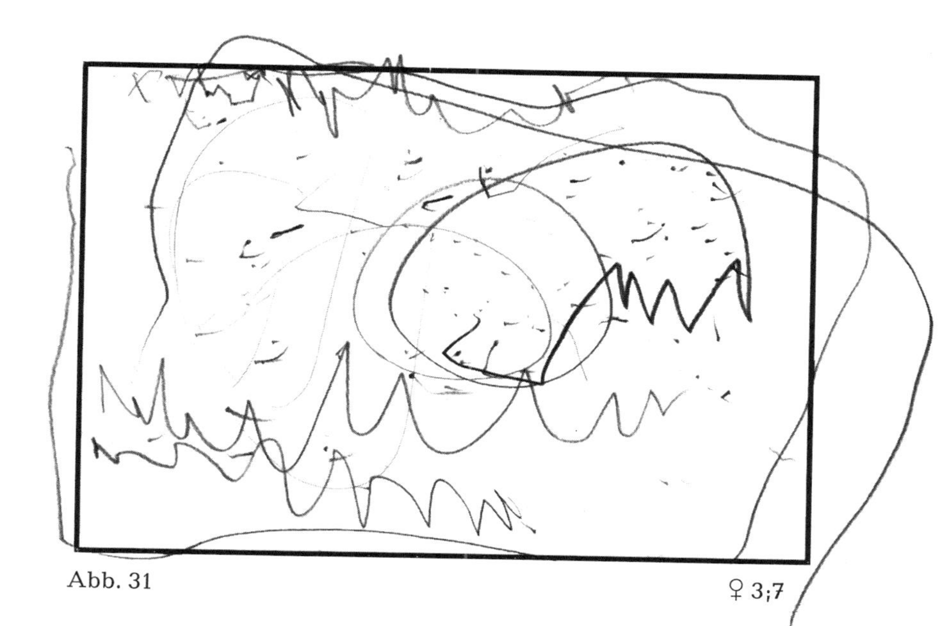

Abb. 31 ♀ 3;7

1. Leistungsverhalten

a) unbeholfen
b) lernen durch Übung
c) gewandt

2. Kontaktverhalten

a) scheu
b) unbefangen
c) aktiv

3. Spielverhalten

a) lustlos
b) anregbar
c) initiativ

4. Verhaltensstörungen?

a) gehemmt
b) launisch
c) aggressiv

5. Körperlicher Zustand

a) kränklich
b) normal
c) kraftvoll

6. Soziales Umfeld

a) belastend
b) ausreichend
c) fördernd

Zusatzbemerkung: Eltern wenig Zeit.

Sterne und Wellen sind sowohl erfaßt als auch dargestellt. Der Raum ist großzügig in Anspruch genommen und sogar überschritten; die Sterne sind — selten beim Kleinkind — als Punktsterne locker hingesetzt. Der Ablauf der Wellen ist locker und doch kraftvoll, vier Linien verlaufen in ungestörtem Rhythmus. Keine Störsymptome.

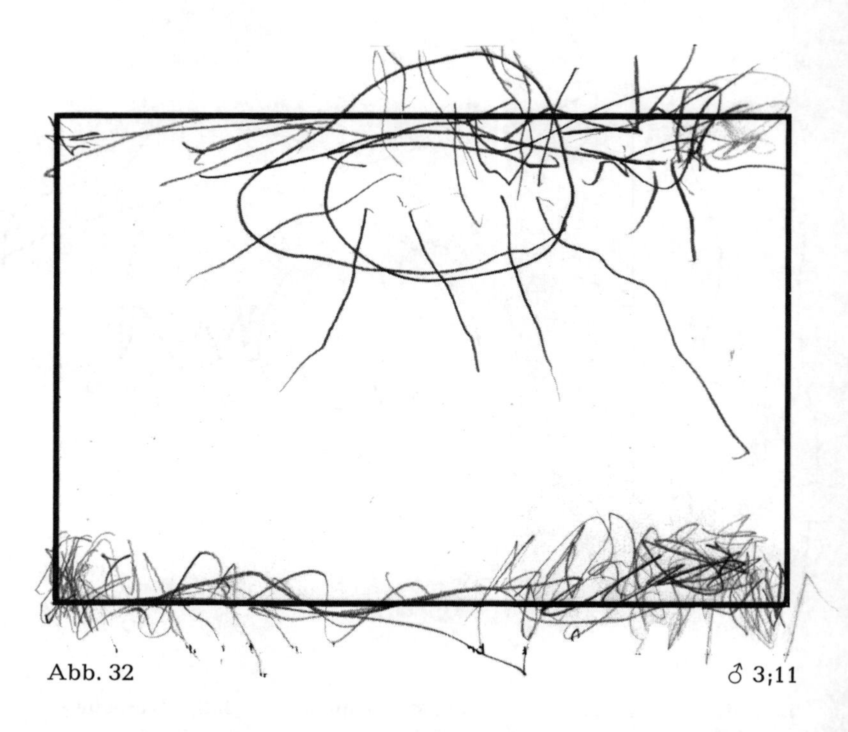

Abb. 32 ♂ 3;11

1. Leistungsverhalten	**2. Kontaktverhalten**	**3. Spielverhalten**
a) unbeholfen	*a) scheu*	*a) lustlos*
b) lernen durch Übung	*b) unbefangen*	*b) anregbar*
c) gewandt	*c) aktiv*	*c) initiativ*
4. Verhaltensstörungen?	**5. Körperlicher Zustand**	**6. Soziales Umfeld**
a) gehemmt	*a) kränklich*	*a) belastend*
b) launisch	*b) normal*	*b) ausreichend*
c) aggressiv	*c) kraftvoll*	*c) fördernd*

Zusatzbemerkung: Eltern geschieden.

Eine Raumbeanspruchung, die überwiegend die Ränder überbordet und dabei die Mitte leer läßt. Ein großer Mittenstern wirkt als Zentrum; die Wellen sind ein fahriges Gekritzel, das weder Wasserfläche noch Wellen erkennen läßt. Die Sterne sind geformt, ohne gestaltet zu sein. Der Strich ist scharf bis scharf-hart, zart bis zart-fragil. Störsymptome in Raum, Ablauf und Strich; nervöse Unruhe, Irritierbarkeit, sicher kein guter Zuhörer.

Abb. 33 ♂ 3;11

1. Leistungsverhalten

a) unbeholfen
b) lernen durch Übung
c) gewandt

2. Kontaktverhalten

a) scheu
b) unbefangen
c) aktiv

3. Spielverhalten

a) lustlos
b) anregbar
c) initiativ

4. Verhaltensstörungen?

a) gehemmt
b) launisch
c) aggressiv

5. Körperlicher Zustand

a) kränklich
b) normal
c) kraftvoll

6. Soziales Umfeld

a) belastend
b) ausreichend
c) fördernd

Das Kind hat die Aufgabe gut aufgenommen. Es zeichnet nicht nur Sterne und Wasser, sondern überdies sind die Sterne ›im Himmel‹. Der Raum ist souverän behandelt, Formung und Bewegung sind gut unterschieden, wobei der Pendelstrich nicht auf und ab verläuft, sondern hin und her schwingt. Die Zeichnung ist eine gute Leistung. Störungen: Trotz des guten Intellekts sind die Sterne derb und unkonturiert eingerollt, der Strich ist fest-deftig und tonig-schwammig.

Abb. 34 ♂ 3;10

1. Leistungsverhalten
- *a) unbeholfen*
- *b) lernen durch Übung*
- *c) gewandt*

2. Kontaktverhalten
- *a) scheu*
- *b) unbefangen*
- *c) aktiv*

3. Spielverhalten
- *a) lustlos*
- *b) anregbar*
- *c) initiativ*

4. Verhaltensstörungen?
- *a) gehemmt*
- *b) launisch*
- *c) aggressiv*

5. Körperlicher Zustand
- *a) kränklich*
- *b) normal*
- *c) kraftvoll*

6. Soziales Umfeld
- *a) belastend*
- *b) ausreichend*
- *c) fördernd*

Wenn auch der Test zuerst diffus übermalt wirkt, so erkennt man doch bald, daß die Sterne konzipiert sind. Die Dunkelung kann ›nachtdunkler Himmel‹ sein, ebenso aber auch Wasser oder einfach der Ausfluß eines starken motorischen Antriebs. Der Pendelstrich schwingt sicher und stark. Bemerkenswert ist, daß die Bemalung der Ränder nicht verkrampft an die Kante drängt, wie bei gehemmten Kindern. Der Strichcharakter ist zart bis scharf, zum Teil fest. Keine Störsymptome.

Abb. 35 ♂ 3;11

1. Leistungsverhalten

a) unbeholfen
b) lernen durch Übung
c) gewandt

2. Kontaktverhalten

a) scheu
b) unbefangen
c) aktiv

3. Spielverhalten

a) lustlos
b) anregbar
c) initiativ

4. Verhaltensstörungen?

a) gehemmt
b) launisch
c) aggressiv

5. Körperlicher Zustand

a) kränklich
b) normal
c) kraftvoll

6. Soziales Umfeld

a) belastend
b) ausreichend
c) fördernd

Die vier Motive im Test sollen wohl Sterne sein. Auffallend ist der fixierend geschwärzte Fleck in der linken Mitte, auf dem der kleine Zeichner offenbar länger mit dem Stift kreisend verweilt hat; daneben das in sich sehr schöne und mit zartem Strich gezeichnete Gebilde, gut konturiert, wenn auch keine deutliche Antwort auf das Thema Stern oder Welle. Eher Störung als Entwicklungsrückstand, Äußerungsscheu oder Versponnenheit.

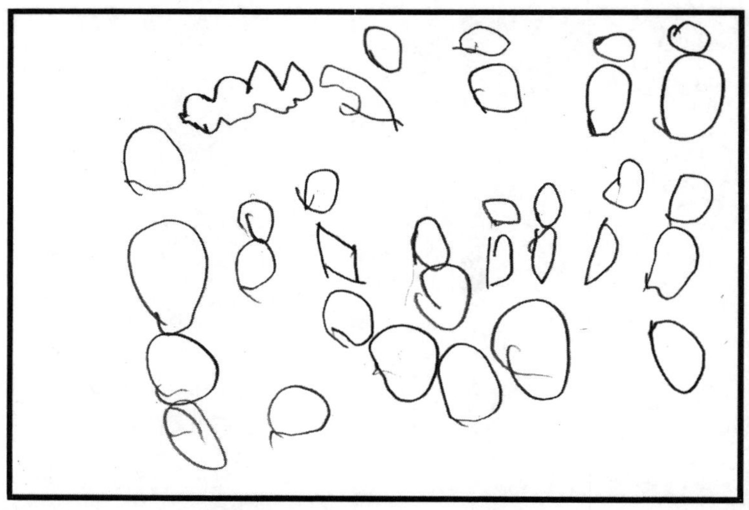

Abb. 36 ♀ 3;8

1. Leistungsverhalten

a) unbeholfen
b) lernen durch Übung
c) gewandt

2. Kontaktverhalten

a) scheu
b) unbefangen
c) aktiv

3. Spielverhalten

a) lustlos
b) anregbar
c) initiativ

4. Verhaltensstörungen?

a) gehemmt
b) launisch
c) aggressiv

5. Körperlicher Zustand

a) kränklich
b) normal
c) kraftvoll

6. Soziales Umfeld

a) belastend
b) ausreichend
c) fördernd

Das Thema ist aufgenommen. Die einseitige Antwort nur durch Sterne dürfte weniger durch die Faszination vom Thema als durch eine Tendenz zur Kreiszeichnung zu verstehen sein, bei der das Kind selbstvergessen verweilt. Der Strich ist scharf bis scharf-hart, eintönig. Eine Störung im Kontaktverhalten wäre durch die monotone Kreisung und den scharf-harten Strich zu vermuten.

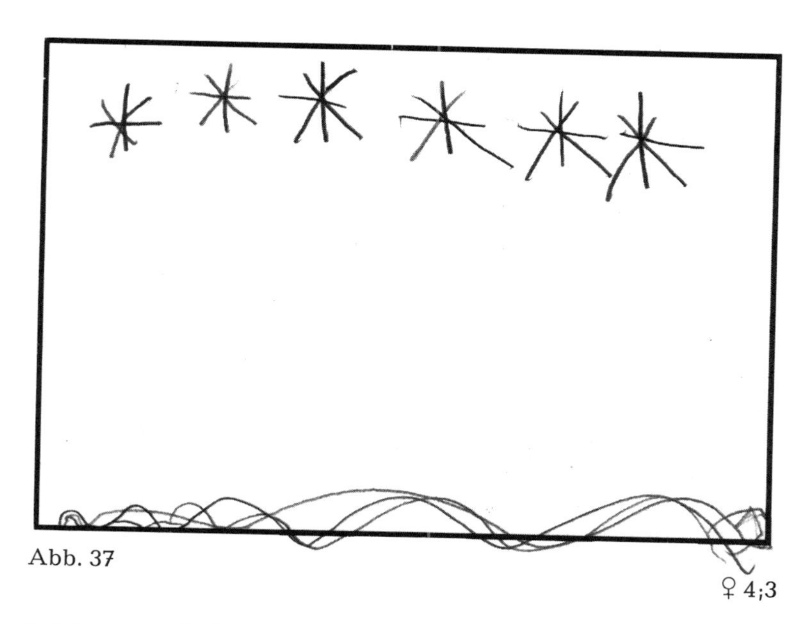

Abb. 37

♀ 4;3

1. Leistungsverhalten

a) unbeholfen
b) lernen durch Übung
c) gewandt

2. Kontaktverhalten

a) scheu
b) unbefangen
c) aktiv

3. Spielverhalten

a) lustlos
b) anregbar
c) initiativ

4. Verhaltensstörungen?

a) gehemmt
b) launisch
c) aggressiv

5. Körperlicher Zustand

a) kränklich
b) normal
c) kraftvoll

6. Soziales Umfeld

a) belastend
b) ausreichend
c) fördernd

Die sicher hingesetzten Sterne und die genau ansetzenden, dann aber locker ausschwingenden Wellen lassen scharfes Aufmerken auf die Aufgabe und große Unbefangenheit und Sicherheit in der Durchführung vermuten. Bemerkenswert ist, daß sowohl Sterne als auch Wellen nach rechts größer werden, dabei jedoch nicht an Qualität der Bildaussage und Ausdruckskraft einbüßen. Der Strich ist scharf, zum Teil fest. Ohne Störsymptome.

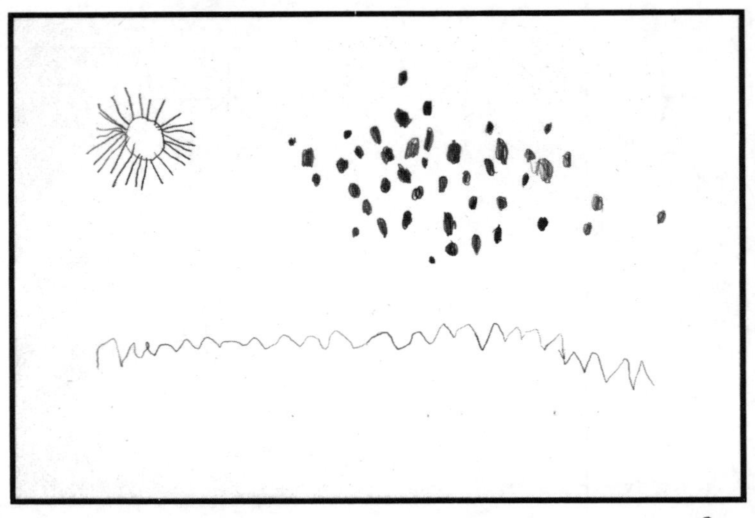

Abb. 38 ♀ 4;3

1. Leistungsverhalten	**2. Kontaktverhalten**	**3. Spielverhalten**
a) unbeholfen	*a) scheu*	*a) lustlos*
b) lernen durch Übung	*b) unbefangen*	*b) anregbar*
c) gewandt	*c) aktiv*	*c) initiativ*
4. Verhaltensstörungen?	**5. Körperlicher Zustand**	**6. Soziales Umfeld**
a) gehemmt	*a) kränklich*	*a) belastend*
b) launisch	*b) normal*	*b) ausreichend*
c) aggressiv	*c) kraftvoll*	*c) fördernd*

Das Bild dieses kleinen Mädchens deutet schon eine Landschaft an, in der es Sterne über einer Wellenlinie zeichnet und einen Mond hinzufügt, der — wie oft bei Kleinkindern — eher einer Sonne gleicht. Das Bild steht zaghaft in der Mitte des Zeichenraumes, wirkt aber nicht unharmonisch. Dagegen wirken die gedunkelten Sterne im Kontrast zu der zart-fragilen Wasserlinie befremdlich und lassen an eine erhöhte Irritierbarkeit des Kindes denken. Sie scheint hier als Basis eine anlagebedingte Hypersensitivität zu haben.

Abb. 39 ♂ 4;2

1. Leistungsverhalten
a) unbeholfen
b) lernen durch Übung
c) gewandt

2. Kontaktverhalten
a) scheu
b) unbefangen
c) aktiv

3. Spielverhalten
a) lustlos
b) anregbar
c) initiativ

4. Verhaltensstörungen?
a) gehemmt
b) launisch
c) aggressiv

5. Körperlicher Zustand
a) kränklich
b) normal
c) kraftvoll

6. Soziales Umfeld
a) belastend
b) ausreichend
c) fördernd

Das Kind zeichnet nur Wellen; sie kreisen eigenwillig, schwingen aber nicht aus. Der Strich ist völlig ungestört. Der Junge könnte bei dem Bewegungsdrang und vermutlich auch Äußerungsbedürfnis sicher mehr gefordert werden.

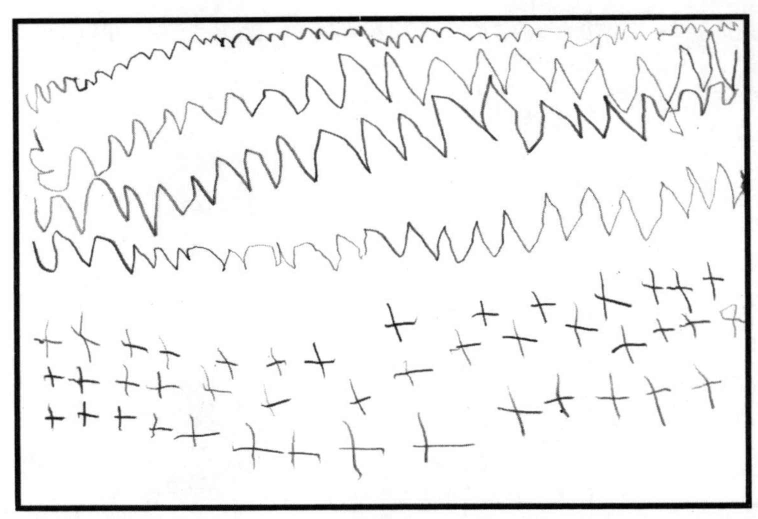

Abb. 40 ♂ 4;1

1. Leistungsverhalten

a) unbeholfen
b) lernen durch Übung
c) gewandt

2. Kontaktverhalten

a) scheu
b) unbefangen
c) aktiv

3. Spielverhalten

a) lustlos
b) anregbar
c) initiativ

4. Verhaltensstörungen?

a) gehemmt
b) launisch
c) aggressiv

5. Körperlicher Zustand

a) kränklich
b) normal
c) kraftvoll

6. Soziales Umfeld

a) belastend
b) ausreichend
c) fördernd

Die Aufgabe ist verstanden worden, aber raumvertauscht ausgeführt. Die Formung ist bewältigt. Die Wellen fließen jedoch nicht, sondern drücken mit ihrer Winkelform eine psychische Sperrung aus. Der Strich schwankt zum Teil zwischen zart-fragil und scharf-hart. Raumvertauschung und Strichcharaktere lassen eine Milieustörung vermuten.

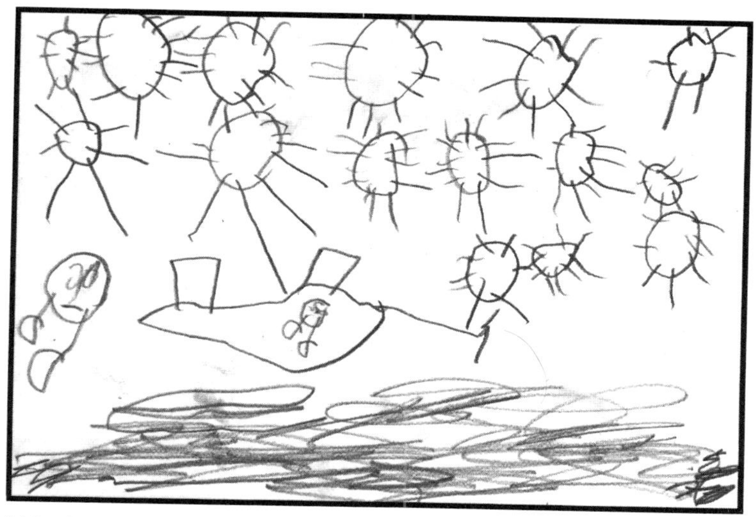

Abb. 41

♂ 4;2

1. Leistungsverhalten

a) unbeholfen
b) lernen durch Übung
c) gewandt

2. Kontaktverhalten

a) scheu
b) unbefangen
c) aktiv

3. Spielverhalten

a) lustlos
b) anregbar
c) initiativ

4. Verhaltensstörungen?

a) gehemmt
b) launisch
c) aggressiv

5. Körperlicher Zustand

a) kränklich
b) normal
c) kraftvoll

6. Soziales Umfeld

a) belastend
b) ausreichend
c) fördernd

Zusatzbemerkung: Türke; Mutter hat zwei außereheliche Kinder.

Das lebendig und harmonisch ausgefüllte Bild läßt auf ein anregbares und lebhaftes Kind schließen, das schon die Aufgabe eigenwillig ergänzt (Flugzeug und ›Kopffüßler‹). Formung und Bewegung sind klar unterschieden. Der Strich ist scharf bis fest, zum Teil fest-deftig. Keine Störsymptome.

Abb. 42 ♀ 4;5

1. Leistungsverhalten

a) unbeholfen
b) lernen durch Übung
c) gewandt

2. Kontaktverhalten

a) scheu
b) unbefangen
c) aktiv

3. Spielverhalten

a) lustlos
b) anregbar
c) initiativ

4. Verhaltensstörungen?

a) gehemmt
b) launisch
c) aggressiv

5. Körperlicher Zustand

a) kränklich
b) normal
c) kraftvoll

6. Soziales Umfeld

a) belastend
b) ausreichend
c) fördernd

Hier ist das Kind ganz offenbar gefangen genommen von dem Thema ›Sternenhimmel‹, den es fürwahr ausfüllt! Die Sterne werden zuerst groß angelegt und mit Geduld ausgeführt, dann aber immer zügiger, knapper, doch auch immer origineller gezeichnet. In den aufschießenden Spitzen der rechten Mittensterne ist auch schon der Ausdruck des initiativen Charakters angedeutet. Keine Störsymptome.

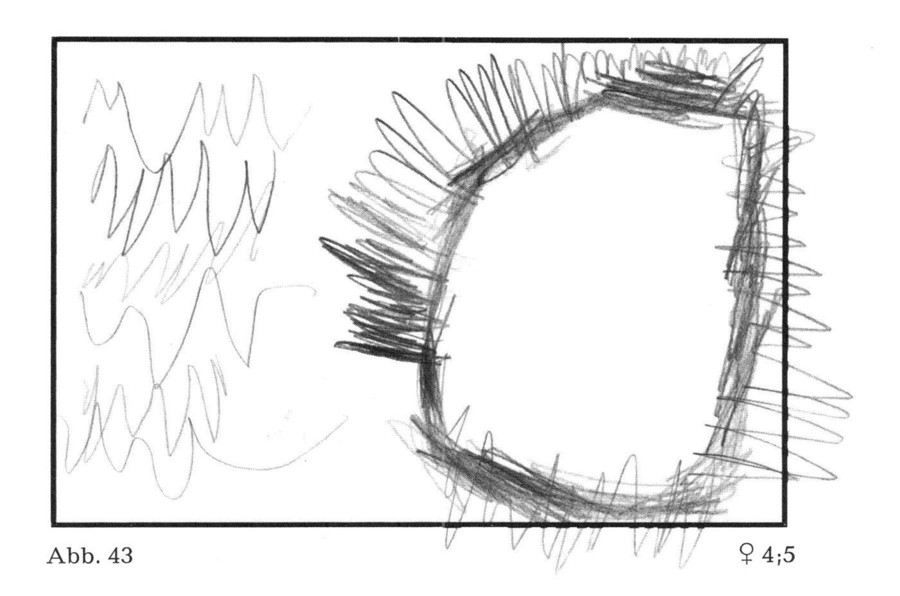

Abb. 43 ♀ 4;5

1. Leistungsverhalten	**2. Kontaktverhalten**	**3. Spielverhalten**
a) unbeholfen	*a) scheu*	*a) lustlos*
b) lernen durch Übung	*b) unbefangen*	*b) anregbar*
c) gewandt	*c) aktiv*	*c) initiativ*
4. Verhaltensstörungen?	**5. Körperlicher Zustand**	**6. Soziales Umfeld**
a) gehemmt	*a) kränklich*	*a) belastend*
b) launisch	*b) normal*	*b) ausreichend*
c) aggressiv	*c) kraftvoll*	*c) fördernd*

Hier ist das Thema durchaus verstanden worden, aber nicht zu einem Ganzen gestaltet. Beide Elemente der Aufgabe, Sterne und Wellen, werden addiert, nacheinander berichtet. Die Wellen schwingen im ungestörten Pendelstrich. Der Stern wird gestaltet und sorgsam mit Strahlen versehen, die wiederum recht unbefangen angesetzt werden. Keine Störsymptome.

Abb. 44 ♂ 4;4

1. Leistungsverhalten	**2. Kontaktverhalten**	**3. Spielverhalten**
a) unbeholfen	*a) scheu*	*a) lustlos*
b) lernen durch Übung	*b) unbefangen*	*b) anregbar*
c) gewandt	*c) aktiv*	*c) initiativ*

4. Verhaltensstörungen?	**5. Körperlicher Zustand**	**6. Soziales Umfeld**
a) gehemmt	*a) kränklich*	*a) belastend*
b) launisch	*b) normal*	*b) ausreichend*
c) aggressiv	*c) kraftvoll*	*c) fördernd*

Dieser Junge gibt eine selbständige und lebendige Antwort, er stellt schon fast eine Landschaft dar. Himmel und Wasser sind durch tonigen bis dunkelnden Pendelstrich großzügig hingesetzt, über das Bild verstreut finden sich einige Sterne, kühn improvisiert. In diesem Test wird der Mittenraum durch eine Linie umgrenzt, wohl den ›Zwischen-Raum‹ andeutend. Rechts oben soll vermutlich der Mond scheinen. Keine Störsymptome.

Abb. 45

♂ 4;2

1. Leistungsverhalten

a) unbeholfen
b) lernen durch Übung
c) gewandt

2. Kontaktverhalten

a) scheu
b) unbefangen
c) aktiv

3. Spielverhalten

a) lustlos
b) anregbar
c) initiativ

4. Verhaltensstörungen?

a) gehemmt
b) launisch
c) aggressiv

5. Körperlicher Zustand

a) kränklich
b) normal
c) kraftvoll

6. Soziales Umfeld

a) belastend
b) ausreichend
c) fördernd

Wasser und Himmel sind durch heftigen Pendelstrich dargestellt, dazwischen große, etwas unförmige Sterne. Der Raum ist voll in Anspruch genommen, aber im Ganzen ausgewogen behandelt. Die Aufgabe ist gut verstanden und intelligent gelöst. In der Gestaltung der Sterne läßt die Feinmotorik zu wünschen übrig, ob aus mangelnd vorgegebenem oder noch ungenügend geschultem Vermögen ist nicht ersichtlich. Der Strich ist tonig und fest-deftig, der Ausdruck der unbekümmerten und noch unreflektierten Natur des starken Kindes.

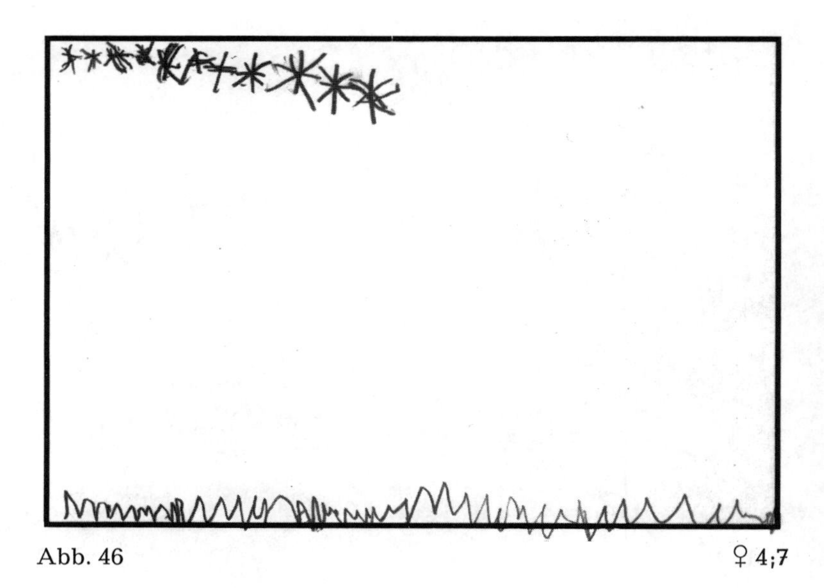

Abb. 46 ♀ 4;7

1. Leistungsverhalten

a) unbeholfen
b) lernen durch Übung
c) gewandt

2. Kontaktverhalten

a) scheu
b) unbefangen
c) aktiv

3. Spielverhalten

a) lustlos
b) anregbar
c) initiativ

4. Verhaltensstörungen?

a) gehemmt
b) launisch
c) aggressiv

5. Körperlicher Zustand

a) kränklich
b) normal
c) kraftvoll

6. Soziales Umfeld

a) belastend
b) ausreichend
c) fördernd

Zusatzbemerkung: Bei Pflegeeltern.

Ist dieses Kind gehemmt? Betrachten wir die ängstlich ansetzende und dann doch freier ausschwingende Wellenlinie, so ist zum mindesten hierin kein Ausdruck der Hemmung zu erkennen. Die Sterne als komplizierte ›Leistung‹ sind mühsam erprobt, mit schwachem Erfolg. Sie sind unbeholfen gezeichnet. Die Reihe wird abgebrochen, obwohl die Zeit für den Test nicht beschränkt ist. Hier ist weniger eine Störung als eine gering disponierte oder wenig geförderte Intelligenz anzunehmen.

Abb. 47 ♀ 5;2

1. Leistungsverhalten
- *a) unbeholfen*
- *b) lernen durch Übung*
- *c) gewandt*

2. Kontaktverhalten
- *a) scheu*
- *b) unbefangen*
- *c) aktiv*

3. Spielverhalten
- *a) lustlos*
- *b) anregbar*
- *c) initiativ*

4. Verhaltensstörungen?
- *a) gehemmt*
- *b) launisch*
- *c) aggressiv*

5. Körperlicher Zustand
- *a) kränklich*
- *b) normal*
- *c) kraftvoll*

6. Soziales Umfeld
- *a) belastend*
- *b) ausreichend*
- *c) fördernd*

Das Kind hat das Thema voll erfaßt, füllt das Bild aber überdies eigenwillig mit einem lustigen Zusatz aus: badende Kinder, die den gelungenen Ausdruck der Fröhlichkeit haben. Der Raum ist gut aufgeteilt, die Formung ist voll gelungen. Die Wellen sind ›geführt‹, sie schwingen nicht, was freilich zu der auch sonst recht bewußt gestalteten Zeichnung paßt. Keine Störsymptome.

Abb. 48 ♀ 5;11

1. Leistungsverhalten

a) unbeholfen
b) lernen durch Übung
c) gewandt

2. Kontaktverhalten

a) scheu
b) unbefangen
c) aktiv

3. Spielverhalten

a) lustlos
b) anregbar
c) initiativ

4. Verhaltensstörungen?

a) gehemmt
b) launisch
c) aggressiv

5. Körperlicher Zustand

a) kränklich
b) normal
c) kraftvoll

6. Soziales Umfeld

a) belastend
b) ausreichend
c) fördernd

Das rechtsbetont ausgeführte Bild drückt nur hierdurch die Außenwendung des Kindes aus, die vom Erzieher betont wird. Der Ausdruck als solcher ist zart, empfänglich, empfindlich. Das Thema ist aufgenommen, aber die Formung ist knapp bewältigt. Die Wellen werden hier als amorphe Masse dargestellt. Störsymptome zeigen sich in Gestaltung und Strichcharakteren: zart-fragil (unsichere Empfindsamkeit) und tonig-schwammig (unsichere Beeinflußbarkeit). Die vom Erzieher erwähnte Aggressivität dürfte einer Kompensation der Unsicherheit entspringen.

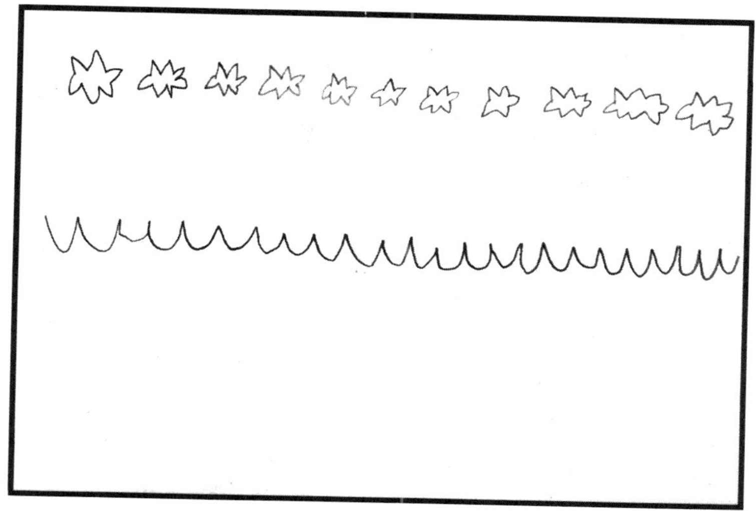

Abb. 49 ♀ 5;5

1. Leistungsverhalten

a) unbeholfen
b) lernen durch Übung
c) gewandt

2. Kontaktverhalten

a) scheu
b) unbefangen
c) aktiv

3. Spielverhalten

a) lustlos
b) anregbar
c) initiativ

4. Verhaltensstörungen?

a) gehemmt
b) launisch
c) aggressiv

5. Körperlicher Zustand

a) kränklich
b) normal
c) kraftvoll

6. Soziales Umfeld

a) belastend
b) ausreichend
c) fördernd

Das 5jährige Mädchen findet eine gute Sachlösung; sie erfaßt das Thema und beantwortet es knapp und klar. Nicht sehr originell, eher brav reiht sie gut und subtil geformte Sterne am Himmel auf über einer kontrollierten, doch auch schwingenden Wellenlinie. Keine Störsymptome.

Abb. 50 ♀ 5;3

1. Leistungsverhalten

a) unbeholfen
b) lernen durch Übung
c) gewandt

2. Kontaktverhalten

a) scheu
b) unbefangen
c) aktiv

3. Spielverhalten

a) lustlos
b) anregbar
c) initiativ

4. Verhaltensstörungen?

a) gehemmt
b) launisch
c) aggressiv

5. Körperlicher Zustand

a) kränklich
b) normal
c) kraftvoll

6. Soziales Umfeld

a) belastend
b) ausreichend
c) fördernd

Hier hat jemand abgeschaut! Die Kinder sollen beim Zeichnen der Tests nicht nebeneinander sitzen. Es war jedoch nicht immer zu vermeiden. Sehr schön zeigt der Vergleich mit dem vorigen Test den Unterschied. Jetzt sind die Sterne sorgsam ausgeführt, aber in sich plump und disharmonisch geformt. Die Wellen zeigen eine zunehmende Verkrampfung im Bewegungsablauf. Die Langsamkeit, Befangenheit und Hemmung dürfte einer Störung entspringen. Die vom Erzieher vermerkte Aggressivität wird durch Überforderung zu erklären sein.

Abb. 51 ♂ 5;11

1. Leistungsverhalten

a) unbeholfen
b) lernen durch Übung
c) gewandt

2. Kontaktverhalten

a) scheu
b) unbefangen
c) aktiv

3. Spielverhalten

a) lustlos
b) anregbar
c) initiativ

4. Verhaltensstörungen?

a) gehemmt
b) launisch
c) aggressiv

5. Körperlicher Zustand

a) kränklich
b) normal
c) kraftvoll

6. Soziales Umfeld

a) belastend
b) ausreichend
c) fördernd

Der große Mittenstern erweist sich häufig als Ausdruck eines unausgeglichenen Selbstgefühls. Hier ist er überdies grob und verkrampft gezeichnet, was weniger auf Mangel an Zeichenbegabung als auf Kompensation zurückzuführen sein wird. Die Wellen sind offene oder geschlossene Kreise (Störsymptome). Das gut erfaßte Thema ist ohne Differenzierung der Gestaltungsweisen und lieblos beantwortet. Störungen auch in den Strichcharakteren, fest-deftig und tonig-schwammig. Das Kind schwankt zwischen Begehren und unkontrollierten Antrieben.

Abb. 52 ♂ 5;6

1. Leistungsverhalten

a) unbeholfen
b) lernen durch Übung
c) gewandt

2. Kontaktverhalten

a) scheu
b) unbefangen
c) aktiv

3. Spielverhalten

a) lustlos
b) anregbar
c) initiativ

4. Verhaltensstörungen?

a) gehemmt
b) launisch
c) aggressiv

5. Körperlicher Zustand

a) kränklich
b) normal
c) kraftvoll

6. Soziales Umfeld

a) belastend
b) ausreichend
c) fördernd

Ein Mittenstern und angedeutete Wellen, beides sorgsam, fast ängstlich in die Mitte des Bildes gesetzt. Das gleiche Motiv wie im vorigen Test wird hier zaghaft und verkrampft (Winkel als Wellen) ausgeführt. Die vom Erzieher bemerkte Aggressivität wäre hiernach als Selbstschutz zu verstehen.

Abb. 53 ♂ 5;8

1. Leistungsverhalten

a) unbeholfen
b) lernen durch Übung
c) gewandt

2. Kontaktverhalten

a) scheu
b) unbefangen
c) aktiv

3. Spielverhalten

a) lustlos
b) anregbar
c) initiativ

4. Verhaltensstörungen?

a) gehemmt
b) launisch
c) aggressiv

5. Körperlicher Zustand

a) kränklich
b) normal
c) kraftvoll

6. Soziales Umfeld

a) belastend
b) ausreichend
c) fördernd

Vier ständig größer werdende Sterngebilde stehen über einem an den Rand des Bildes gequetschten Wasserstreifen. Die Unausgewogenheit drückt sich nicht nur in der Behandlung des Themas aus, sondern auch in Formgestaltung, Bewegung und Strichcharakter. Das nach Entfaltung drängende Kind dürfte inneres Gleichgewicht vermissen lassen, das sich in diesem Alter schon in Gestaltungen anzudeuten pflegt. Störungen sind durch die Disharmonie des Bildes sowie die Stricharten zart-fragil und fest-deftig zu vermuten.

Abb. 54 ♂ 5;9

1. Leistungsverhalten

a) unbeholfen
b) lernen durch Übung
c) gewandt

2. Kontaktverhalten

a) scheu
b) unbefangen
c) aktiv

3. Spielverhalten

a) lustlos
b) anregbar
c) initiativ

4. Verhaltensstörungen?

a) gehemmt
b) launisch
c) aggressiv

5. Körperlicher Zustand

a) kränklich
b) normal
c) kraftvoll

6. Soziales Umfeld

a) belastend
b) ausreichend
c) fördernd

Die stark und fordernd wirkende Zeichnung ist zu deftig, um als Ausdruck der Kraft und Sicherheit überzeugend zu wirken. Die gute Beantwortung des Themas, die Anordnung der Motive und die hübsche Ergänzung durch ein Schiff lassen Begabung und angemessenen Entwicklungsstand vermuten. Störungen deuten sich an in dem übergroßen Mittenstern (Selbstgefühl) bei Mangel an Subtilität der Formung (Unkontrolle) und fest-deftigem Strich (diffuse Antriebe).

Abb. 55 ♀ 5;6

1. Leistungsverhalten

a) unbeholfen
b) lernen durch Übung
c) gewandt

2. Kontaktverhalten

a) scheu
b) unbefangen
c) aktiv

3. Spielverhalten

a) lustlos
b) anregbar
c) initiativ

4. Verhaltensstörungen?

a) gehemmt
b) launisch
c) aggressiv

5. Körperlicher Zustand

a) kränklich
b) normal
c) kraftvoll

6. Soziales Umfeld

a) belastend
b) ausreichend
c) fördernd

Die etwas schwach wirkende Zeichnung beantwortet zwar das Thema, begrenzt sich aber eher auf Andeutungen als auf eine gekonnte Skizze. Der scharf-harte Strich der Sterne (verkrampftes Wollen) steht im Widerspruch zum zart-fragilen Strich des Wassers (überhöhte Empfindsamkeit).

Abb. 56 ♀ 5;6

1. Leistungsverhalten	**2. Kontaktverhalten**	**3. Spielverhalten**
a) unbeholfen	*a) scheu*	*a) lustlos*
b) lernen durch Übung	*b) unbefangen*	*b) anregbar*
c) gewandt	*c) aktiv*	*c) initiativ*

4. Verhaltensstörungen?	**5. Körperlicher Zustand**	**6. Soziales Umfeld**
a) gehemmt	*a) kränklich*	*a) belastend*
b) launisch	*b) normal*	*b) ausreichend*
c) aggressiv	*c) kraftvoll*	*c) fördernd*

Diese besonders aufschlußreiche Testzeichnung läßt ein gutes Verständnis des Themas und eine individuelle Beantwortung erkennen. Trotzdem wirkt der Test disharmonisch und läßt eine Störung vermuten. Die Wellen stehen wie Steine nebeneinander, es finden sich wieder die zur Rundung tendierenden Formen. Die Sterne sind nur teilweise, dann aber mit verkrampfter Pedanterie ausgeführt. Der Test läßt auf gestörte Objektbeziehung schließen; man könnte fragen, ob eine zu frühe Über-Förderung stattgefunden hat.

Abb. 57 ♂ 5;4

1. Leistungsverhalten
- *a) unbeholfen*
- *b) lernen durch Übung*
- *c) gewandt*

2. Kontaktverhalten
- *a) scheu*
- *b) unbefangen*
- *c) aktiv*

3. Spielverhalten
- *a) lustlos*
- *b) anregbar*
- *c) initiativ*

4. Verhaltensstörungen?
- *a) gehemmt*
- *b) launisch*
- *c) aggressiv*

5. Körperlicher Zustand
- *a) kränklich*
- *b) normal*
- *c) kraftvoll*

6. Soziales Umfeld
- *a) belastend*
- *b) ausreichend*
- *c) fördernd*

Die Aufgabe ist verstanden und gut ausgeführt, das Bild ist jedoch disharmonisch. Weder die Formung noch die Bewegung wirken frei. Die Stricharten sind reichhaltig, aber zum Teil gestört. Störsymptome sind vor allem die Diskrepanzen im Test: die heftig schwärzende Bewegung im linken oberen Bild, dazu die zaghaft gezeichneten Wellen im unteren. Der Strich der Sternzeichnungen ist tonig-schwammig, Ausdruck der Unsicherheit.

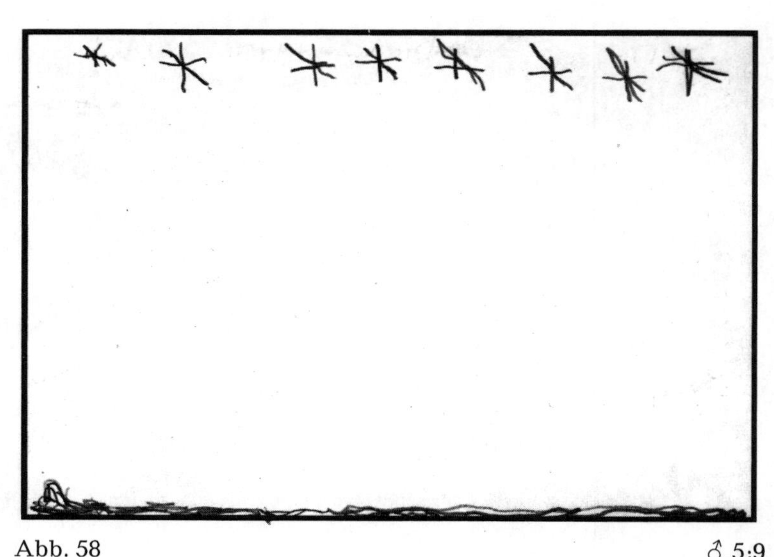

Abb. 58 ♂ 5;9

1. Leistungsverhalten

a) unbeholfen
b) lernen durch Übung
c) gewandt

2. Kontaktverhalten

a) scheu
b) unbefangen
c) aktiv

3. Spielverhalten

a) lustlos
b) anregbar
c) initiativ

4. Verhaltensstörungen?

a) gehemmt
b) launisch
c) aggressiv

5. Körperlicher Zustand

a) kränklich
b) normal
c) kraftvoll

6. Soziales Umfeld

a) belastend
b) ausreichend
c) fördernd

Der Test ist beantwortet, wirkt jedoch mager. Die Sterne werden in der Wiederholung nicht sicherer, sondern irritierter ausgeführt. Das Wasser ist an den unteren Rand gequetscht. Störsymptome sind die mangelnde Unbefangenheit der Gestaltung, das an den unteren Bildrand gedrängte Wasser, aber auch der verkrampfte scharf-harte Strich.

Abb. 59 ♂ 5;2

1. Leistungsverhalten
- *a) unbeholfen*
- *b) lernen durch Übung* (unterstrichen)
- *c) gewandt*

2. Kontaktverhalten
- *a) scheu*
- *b) unbefangen* (unterstrichen)
- *c) aktiv*

3. Spielverhalten
- *a) lustlos*
- *b) anregbar*
- *c) initiativ* (unterstrichen)

4. Verhaltensstörungen?
- *a) gehemmt*
- *b) launisch*
- *c) aggressiv* (unterstrichen)

5. Körperlicher Zustand
- *a) kränklich*
- *b) normal* (unterstrichen)
- *c) kraftvoll*

6. Soziales Umfeld
- *a) belastend* (unterstrichen)
- *b) ausreichend*
- *c) fördernd*

Zusatzbemerkung: Mutter ist unausgeglichen, unzufrieden und aggressiv.

Das Thema ist erfaßt, die Antwort ist nüchtern, sachlich und frei in den Raum gesetzt. Die Bewegung ist jedoch unsicher, die Wellen werden steiler und enger. Störungen sind durch die zaghaften und verkrampften Bewegungen zu vermuten, aber auch durch den unsicheren, zum Teil zart-fragilen Strich. Die vermerkte Aggressivität dürfte Selbstschutz sein.

Abb. 60 ♂ 5;11

1. Leistungsverhalten	**2. Kontaktverhalten**	**3. Spielverhalten**
a) unbeholfen	*a) scheu*	*a) lustlos*
b) lernen durch Übung	*b) unbefangen*	*b) anregbar*
c) gewandt	*c) aktiv*	*c) initiativ*

4. Verhaltensstörungen?	**5. Körperlicher Zustand**	**6. Soziales Umfeld**
a) gehemmt	*a) kränklich*	*a) belastend*
b) launisch	*b) normal*	*b) ausreichend*
c) aggressiv	*c) kraftvoll*	*c) fördernd*

Zusatzbemerkung: Hatte als Kleinkind Gehirnhautentzündung.

Der Test wirkt durchweg schwer gestört, obwohl das Erzieherurteil ein eher unauffälliges Kind vermuten läßt. Die erwähnte Unbeholfenheit dürfte nicht auf natürliche Unfähigkeit zurückzuführen sein, denn die Sterne sind durchweg überlegt und kontrolliert ausgeführt. Bemerkenswert als Störsymptome sind die abgebrochenen Wellen; das versinkende Schiff ist fixierend geschwärzt. Überdies ist der Strich fest-deftig und verkrampft. Man sollte beobachten, ob die erwähnte frühe Gehirnhautentzündung nicht doch Schäden hinterlassen hat.

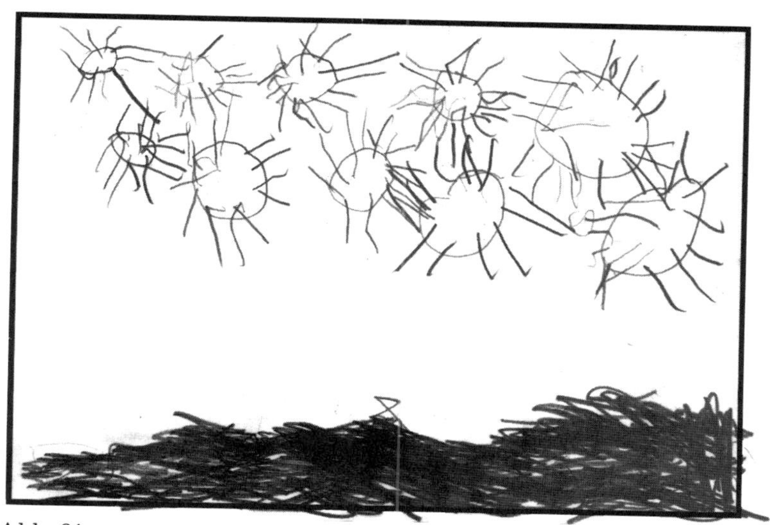

Abb. 61 ♂ 5;4

1. Leistungsverhalten

a) unbeholfen
b) lernen durch Übung
c) gewandt

2. Kontaktverhalten

a) scheu
b) unbefangen
c) aktiv

3. Spielverhalten

a) lustlos
b) anregbar
c) initiativ

4. Verhaltensstörungen?

a) gehemmt
b) launisch
c) aggressiv

5. Körperlicher Zustand

a) kränklich
b) normal
c) kraftvoll

6. Soziales Umfeld

a) belastend
b) ausreichend
c) fördernd

Zusatzbemerkung: Vater ist Trinker.

Das unruhige Bild vermittelt spontan die Irritierbarkeit des Zeichners. Weder findet sich ein klar konturierender Einzelstrich noch ein schwingender Pendelstrich. Störsymptome zeigen sich sowohl in Einzelgestaltungen als auch in der Strichführung. Der Strich ist in den Sternzeichnungen zart-fragil bis scharf-hart, in der Wellenbehandlung fest-deftig. Der Test gibt ausdrucksvoll wieder, daß dieses Kind aus seinem seelischen Gleichgewicht geraten ist.

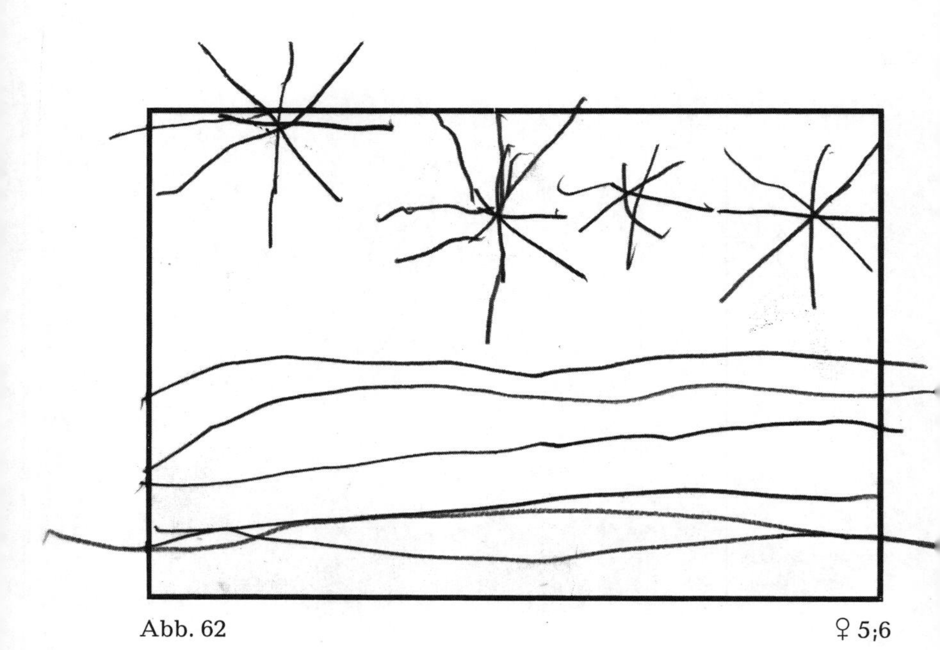

Abb. 62 ♀ 5;6

1. **Leistungsverhalten**	2. **Kontaktverhalten**	3. **Spielverhalten**
a) unbeholfen	*a) scheu*	*a) lustlos*
b) lernen durch Übung	*b) unbefangen*	*b) anregbar*
c) gewandt	*c) aktiv*	*c) initiativ*
4. **Verhaltensstörungen?**	5. **Körperlicher Zustand**	6. **Soziales Umfeld**
a) gehemmt	*a) kränklich*	*a) belastend*
b) launisch	*b) normal*	*b) ausreichend*
c) aggressiv	*c) kraftvoll*	*c) fördernd*

Zusatzbemerkung: Sprachgestört.

Obwohl die Aufgabe beantwortet ist, wirkt der Test des fast 6jährigen gestört. Die großen, spinnenartigen Sterne sind bewältigt und doch grob. Die Wellen schwingen nicht, sie werden durch starre Linien ersetzt, die wie Drähte über dem Bild liegen. Der ›seelische‹ Ausdruck fehlt im Bild, das seelische Erleben dürfte geschädigt sein. Gestört sind hier Raum, Form, Bewegung und Strichcharakter.

Abb. 63 ♀ 6;5

1. Leistungsverhalten

a) unbeholfen
b) lernen durch Übung
c) gewandt

2. Kontaktverhalten

a) scheu
b) unbefangen
c) aktiv

3. Spielverhalten

a) lustlos
b) anregbar
c) initiativ

4. Verhaltensstörungen?

a) gehemmt
b) launisch
c) aggressiv

5. Körperlicher Zustand

a) kränklich
b) normal
c) kraftvoll

6. Soziales Umfeld

a) belastend
b) ausreichend
c) fördernd

Selbst wenn man bei dieser 6jährigen eine gute Zeichenbegabung vermutet, wirkt das Bild erstaunlich im Ausdruck der Heiterkeit, Gelassenheit, fast geistvollen Souveränität. Mit den zwei ausgewogen im Raum stehenden Sternen drückt das Kind großzügig den Himmel aus, wie auch drei rhythmisch abfließende Wellenlinien das Thema ›Meereswellen‹ gleichsam abstrakt darstellen. Wie sich die kühne Bewegung der obersten Welle in den unteren Linien wiederholt und verjüngt, wirkt fast künstlerisch. Ohne Störsymptome.

Abb. 64 ♂

1. Leistungsverhalten
a) unbeholfen
b) lernen durch Übung
c) gewandt (unterstrichen)

2. Kontaktverhalten
a) scheu
b) unbefangen (unterstrichen)
c) aktiv

3. Spielverhalten
a) lustlos
b) anregbar
c) initiativ (unterstrichen)

4. Verhaltensstörungen?
a) gehemmt
b) launisch
c) aggressiv

5. Körperlicher Zustand
a) kränklich
b) normal (unterstrichen)
c) kraftvoll

6. Soziales Umfeld
a) belastend
b) ausreichend
c) fördernd (unterstrichen)

Zusatzbemerkung: Türkisches Gastarbeiterkind. (Schulprobleme)

Welche Dichte des Erlebens spricht aus diesem Bild! Obwohl sich die Sterne im Raum drängen, wirken sie doch ebenmäßig verteilt. Die Wellen sind ›brav‹ angeordnet, der Strich ist langsam geführt, aber nicht gestört. Das Kind drückt seine Anpassungsbereitschaft aus, die das Leben der Gastarbeiterfamilie in engen Wohnverhältnissen täglich erfordert.

Abb. 65

♂ 6;0

1. Leistungsverhalten
a) unbeholfen
b) lernen durch Übung
c) gewandt

2. Kontaktverhalten
a) scheu
b) unbefangen
c) aktiv

3. Spielverhalten
a) lustlos
b) anregbar
c) initiativ

4. Verhaltensstörungen?
a) gehemmt
b) launisch
c) aggressiv

5. Körperlicher Zustand
a) kränklich
b) normal
c) kraftvoll

6. Soziales Umfeld
a) belastend
b) ausreichend
c) fördernd

Vier klar umrissene, zum Schluß größer werdende Sterne füllen den Himmel aus. Die Wellen werden durch eine ansteigende Linie mit größer werdenden Bögen angedeutet. Die Zeichnung ist schlicht, direkt, klar. Der Strich ist scharf bis fest, dabei ganz ungestört. Keine Störsymptome.

Abb. 66 ♀ 6;5

1. Leistungsverhalten

a) unbeholfen
b) lernen durch Übung
c) gewandt

2. Kontaktverhalten

a) scheu
b) unbefangen
c) aktiv

3. Spielverhalten

a) lustlos
b) anregbar
c) initiativ

4. Verhaltensstörungen?

a) gehemmt
b) launisch
c) aggressiv

5. Körperlicher Zustand

a) kränklich
b) normal
c) kraftvoll

6. Soziales Umfeld

a) belastend
b) ausreichend
c) fördernd

Hier überwiegen die Dunkelungen im Bild, Ausdruck der emotionalen Reaktionen des Kindes. Die Sterne sind sowohl konturiert als auch gedunkelt, Bedrücktheit und doch Gewissenhaftigkeit dürften hier die Motive sein. Die gesteinsartigen Wellen›berge‹ wirken durch die getönte Flächenbehandlung warm und doch im Ausdruck belastend. Störungen besonders in Gestaltungen und Strichcharakteren.

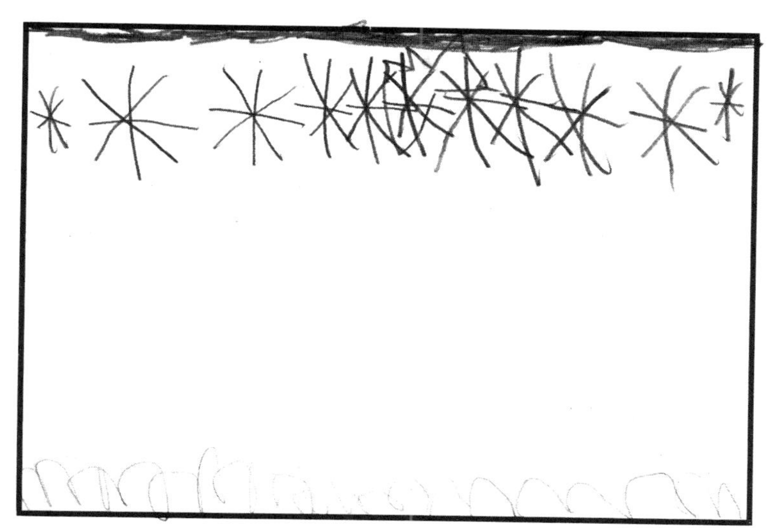

Abb. 67 ♀ 6;7

1. Leistungsverhalten
- *a) unbeholfen*
- *b) lernen durch Übung*
- *c) gewandt*

2. Kontaktverhalten
- *a) scheu*
- *b) unbefangen*
- *c) aktiv*

3. Spielverhalten
- *a) lustlos*
- *b) anregbar*
- *c) initiativ*

4. Verhaltensstörungen?
- *a) gehemmt*
- *b) launisch*
- *c) aggressiv*

5. Körperlicher Zustand
- *a) kränklich*
- *b) normal*
- *c) kraftvoll*

6. Soziales Umfeld
- *a) belastend*
- *b) ausreichend*
- *c) fördernd*

In diesem Testbild fällt besonders die Ungleichgewichtigkeit des betonten Himmels und der nur zaghaft angedeuteten Wasserlinie auf. Die Sterne werden größer, der Strichcharakter geht von scharf auf fest über — die Impulse gehen mit dem Kinde durch, die Kontrolle über die Formung versagt. Die in einem Zuge gezeichnete Wellenlinie verrät Spontaneität, doch aber auch Scheu und Zaghaftigkeit, zumal der Strich zart-fragil ist. Störsymptome in Gestaltung und Strich.

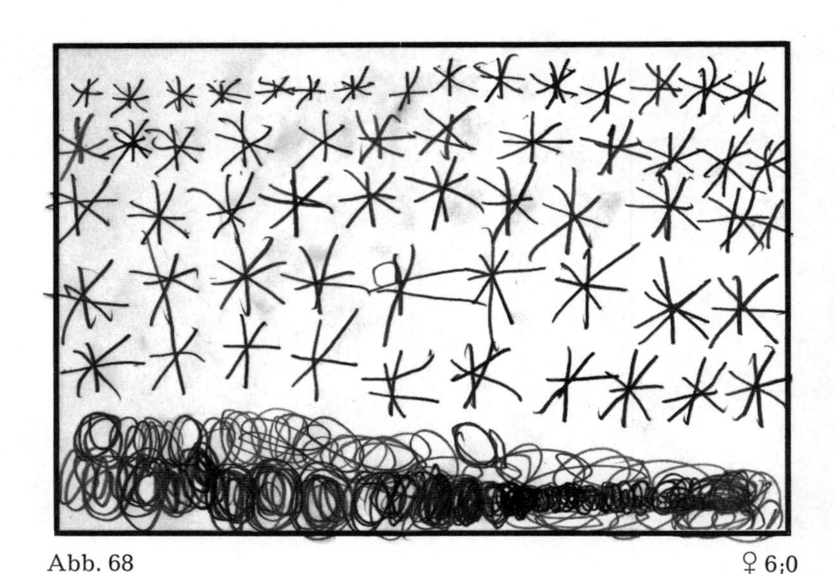

Abb. 68 ♀ 6;0

1. Leistungsverhalten

a) unbeholfen
b) lernen durch Übung
c) gewandt

2. Kontaktverhalten

a) scheu
b) unbefangen
c) aktiv

3. Spielverhalten

a) lustlos
b) anregbar
c) initiativ

4. Verhaltensstörungen?

a) gehemmt
b) launisch
c) aggressiv

5. Körperlicher Zustand

a) kränklich
b) normal
c) kraftvoll

6. Soziales Umfeld

a) belastend
b) ausreichend
c) fördernd

Zusatzbemerkung: Vater ist Trinker.

Diese Testzeichnung beeindruckt und erschüttert zugleich durch die liebevoll gezeichnete Fülle der Sterne und die so eindeutig auf Störungen hinweisenden Einrollungen der Wellenzeichnung. Der Vehemenz des Ausdrucks dürfte eine Intensität des Erlebens entsprechen, das sich nicht harmonisch entfalten konnte. Das Kind ›rollt sich ein‹.

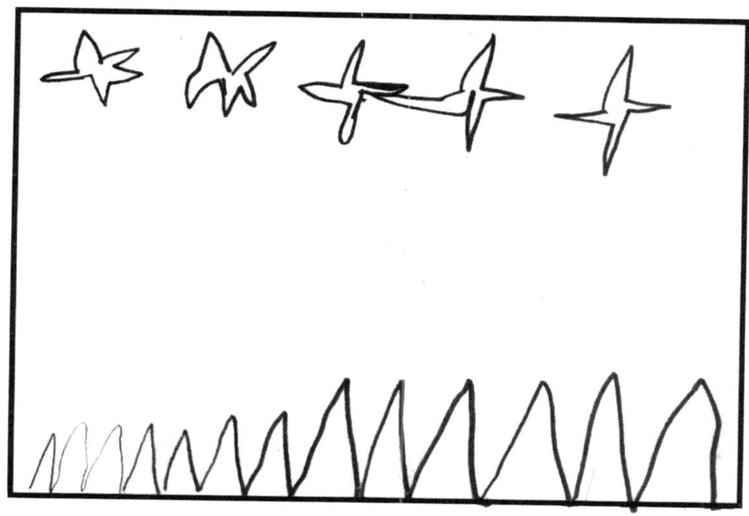

Abb. 69 ♀ 6;10

1. Leistungsverhalten

a) unbeholfen
b) lernen durch Übung
c) gewandt

2. Kontaktverhalten

a) scheu
b) unbefangen
c) aktiv

3. Spielverhalten

a) lustlos
b) anregbar
c) initiativ

4. Verhaltensstörungen?

a) gehemmt
b) launisch
c) aggressiv

5. Körperlicher Zustand

a) kränklich
b) normal
c) kraftvoll

6. Soziales Umfeld

a) belastend
b) ausreichend
c) fördernd

Zusatzbemerkung: Eltern geschieden, zweite Mutter.

Ein bemerkenswert starr und drahtig gezeichneter Test, der überdies durch den fest-deftigen Strich noch massiv und grob wirkt. Die Sterne nehmen von links nach rechts an Spitzigkeit zu, die Wellen an Größe und Starre. Es ist zu fragen, ob das Kind nicht durch die erwähnte Scheidungs-Situation Schaden gelitten hat, der sich durchaus erst später, zum Beispiel in der Pubertät, auf das Verhalten und die Entwicklung auswirken kann. Störsymptome in Formung, Ablauf und Strich.

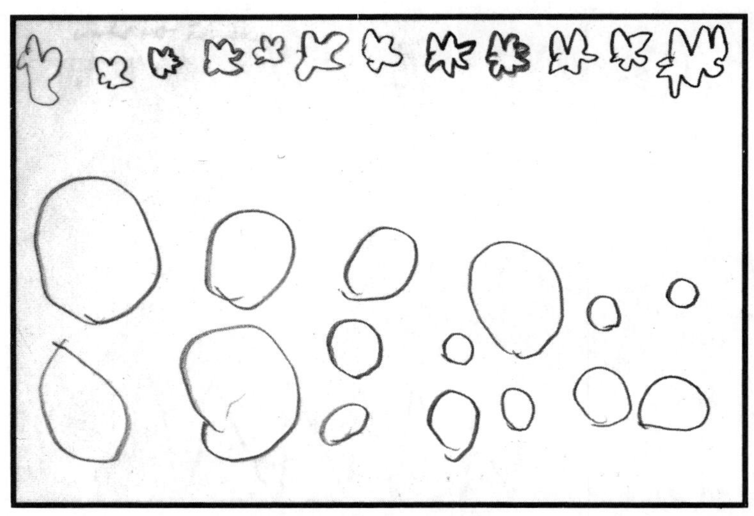

Abb. 70 ♀ 6;11

1. Leistungsverhalten

a) unbeholfen
b) lernen durch Übung
c) gewandt

2. Kontaktverhalten

a) scheu
b) unbefangen
c) aktiv

3. Spielverhalten

a) lustlos
b) anregbar
c) initiativ

4. Verhaltensstörungen?

a) gehemmt
b) launisch
c) aggressiv

5. Körperlicher Zustand

a) kränklich
b) normal
c) kraftvoll

6. Soziales Umfeld

a) belastend
b) ausreichend
c) fördernd

Zusatzbemerkung: Nicht schulfähig.

Das Thema ist zweifellos aufgenommen, die Sterne sind sogar geschickt angeordnet und aufmerksam konturiert. Bemerkenswert freilich sind die Wellen, die durchweg aus Kreisen bestehen — isolierten Gestaltungen, die auf Isolierungstendenzen hinweisen können. Daß das lebhafte Kind nicht schulfähig ist, dürfte an einer Milieuschädigung liegen, die es nicht bewältigt. Störsymptome: Formungen, fehlender Ablauf.

Abb. 71 ♀ 8;2

1. Leistungsverhalten

a) unbeholfen
b) lernen durch Übung
c) gewandt

2. Kontaktverhalten

a) scheu
b) unbefangen
c) aktiv

3. Spielverhalten

a) lustlos
b) anregbar
c) initiativ

4. Verhaltensstörungen?

a) gehemmt
b) launisch
c) aggressiv

5. Körperlicher Zustand

a) kränklich
b) normal
c) kraftvoll

6. Soziales Umfeld

a) belastend
b) ausreichend
c) fördernd

Der disharmonisch gezeichnete Test fällt durch den tief geschwärzten Himmel auf. Dagegen schwingen zart-fragile Linien um eine schlaffe Wellenlinie. Die Sterne sind gekonnt und sogar eigenwillig in der Form. Das als aggressiv geschilderte Kind dürfte sein seelisches Gleichgewicht verloren haben. Störsymptome in Raumverteilung, Bewegungsablauf, Strich- und Flächenbehandlung.

Abb. 72 ♂ 7;1

1. Leistungsverhalten

a) unbeholfen
b) lernen durch Übung
c) gewandt

2. Kontaktverhalten

a) scheu
b) unbefangen
c) aktiv

3. Spielverhalten

a) lustlos
b) anregbar
c) initiativ

4. Verhaltensstörungen?

a) gehemmt
b) launisch
c) aggressiv

5. Körperlicher Zustand

a) kränklich
b) normal
c) kraftvoll

6. Soziales Umfeld

a) belastend
b) ausreichend
c) fördernd

Der Test des siebenjährigen Buben wirkt schwer gestört! Das Thema ist zwar verstanden worden, aber es wird nur ansatzweise gestaltet. Die schlichten Sterne werden nervös durch Übermalung wiederholt, ohne daß der weitere Raum ausgefüllt wird. Die Wellenlinie setzt nur an, bezeichnender Weise in gehemmtem Winkel. Der Strich ist scharf-hart bis zart-fragil. Störsymptome in Raumbehandlung, Ablauf, Formung, Strich.

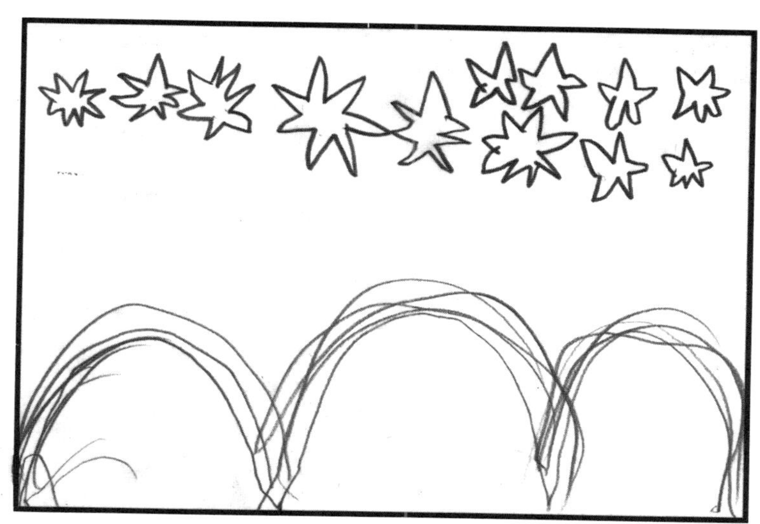

Abb. 73 ♀ 7;4

1. Leistungsverhalten	**2. Kontaktverhalten**	**3. Spielverhalten**
a) unbeholfen	*a) scheu*	*a) lustlos*
b) lernen durch Übung	*b) unbefangen*	*b) anregbar*
c) gewandt	*c) aktiv*	*c) initiativ*

4. Verhaltensstörungen?	**5. Körperlicher Zustand**	**6. Soziales Umfeld**
a) gehemmt	*a) kränklich*	*a) belastend*
b) launisch	*b) normal*	*b) ausreichend*
c) aggressiv	*c) kraftvoll*	*c) fördernd*

Zusatzbemerkung: Zigeuner.

Ein Himmel mit gut verteilten, gleich sorgsam und liebevoll gezeichneten Sternen, die nach rechts hin an Anzahl zunehmen, gibt dem Test den Ausdruck eines frischen und fröhlichen Kindes. Die hohen Wellenbögen wirken trotz des fehlenden Ablaufs der Linien elastisch und spannfähig. Keine Störsymptome. Das Kind wirkt launisch, weil es sich als Zigeuner in zwei sozialen Strukturen und Sprachen nebeneinander orientieren muß.

Abb. 74 ♂ 7;0

1. Leistungsverhalten

a) unbeholfen
b) lernen durch Übung
c) gewandt

2. Kontaktverhalten

a) scheu
b) unbefangen
c) aktiv

3. Spielverhalten

a) lustlos
b) anregbar
c) initiativ

4. Verhaltensstörungen?

a) gehemmt
b) launisch
c) aggressiv

5. Körperlicher Zustand

a) kränklich
b) normal
c) kraftvoll

6. Soziales Umfeld

a) belastend
b) ausreichend
c) fördernd

Zusatzbemerkung: Zigeuner.

Die vielseitig gezeichneten Sterne füllen dicht den Himmel, die wunderbaren Rhythmen der Wellen sind wie Geigenmelodien des kleinen begabten Zigeuners. Wenn das soziale Milieu als belastend geschildert wird, so dürfte es das Kind als normal und heimisch empfinden: das Leben auf engstem Raum mit einer in sich homogenen Großfamilie, die dem Kinde viele Mütter und viele Väter bietet, die immer da sind und nie wechseln.

Abb. 75

♂ 7;0

1. Leistungsverhalten

a) unbeholfen
b) lernen durch Übung
c) gewandt

2. Kontaktverhalten

a) scheu
b) unbefangen
c) aktiv

3. Spielverhalten

a) lustlos
b) anregbar
c) initiativ

4. Verhaltensstörungen?

a) gehemmt
b) launisch
c) aggressiv

5. Körperlicher Zustand

a) kränklich
b) normal
c) kraftvoll

6. Soziales Umfeld

a) belastend
b) ausreichend
c) fördernd

Zusatzbemerkung: Vater ist Trinker und stottert.

Das Thema ist verstanden worden, sowohl Sterne als auch Wellen drängen sich, werden reichlich und intensiv dargestellt. Nur hat der 7jährige die Raumrichtungen nicht beachtet. Vermutlich hat er das Blatt gedreht, wobei zugleich eine Isolierung der Wellen zustande kam. Das Kind wirkt kraftvoll und fähig, aber gestört. Störsymptome: Raumbehandlung, Ablauf, Formung, Strich.

Abb. 76 ♀ 10;3

1. **Leistungsverhalten**	2. **Kontaktverhalten**	3. **Spielverhalten**
a) unbeholfen	*a) scheu*	*a) lustlos*
b) lernen durch Übung	*b) unbefangen*	*b) anregbar*
c) gewandt	*c) aktiv*	*c) initiativ*
4. **Verhaltensstörungen?**	5. **Körperlicher Zustand**	6. **Soziales Umfeld**
a) gehemmt	*a) kränklich*	*a) belastend*
b) launisch	*b) normal*	*b) ausreichend*
c) aggressiv	*c) kraftvoll*	*c) fördernd*

Der gut ausgeführte Test zeigt schon eine Bildlösung; das Kind ist, trotz Kinderhort, schon 10 Jahre alt. Die betonten und dekorativ ausgemalten Sterne treten in den Vordergrund, nicht zuletzt durch den scharf-harten Strich, der im Kontrast zu dem tonig gezeichneten Hintergrund steht. Ausdrucksvoll für das als aggressiv bezeichnete Mädchen ist der Felsen rechts im Bild: ein häufiges Symbol, wenn ein Widerstand in der Umwelt erlitten wird. Störsymptome: scharf-harter Strich, Felsen.

Nachbemerkungen

Die hier gezeigten Sterne-Wellen-Tests sind aus Kindergarten und Kinderhort. Die Untersuchung galt den Fragen, wie sich ein Kleinkind im SWT ausdrückt, in welchem Alter man durchschnittstypisch die Erfassung und Beantwortung des Tests erwarten kann und wie sich Testaussage und Erzieherurteil zueinander verhalten.

Wie Kleinkinder sich im SWT ausdrücken, ist an fünfzig Beispielen gezeigt worden. Sie sind nicht statistisch repräsentativ für das jeweilige Vorkommen, zum Beispiel für das Verhältnis von Störung und Ungestörtheit, sondern sie wurden exemplarisch ausgewählt im Hinblick auf bestimmte Weisen und Möglichkeiten der Aussage.

Das durchschnittstypische Alter für die Fähigkeit, den Test zu erfassen und zu beantworten, ist in einer breiter angelegten Statistik untersucht worden, die im Anhang wiedergegeben ist. Dieses Alter könnte geographisch und kulturell mitbestimmt sein, ebenso ist es natürlich von der Förderung des Kindes in der Familie abhängig.

Die Erzieherurteile wurden durch sechs Fragegruppen standadisiert, wie das Modell zeigt. Es wären noch wesentlich mehr Auskünfte über das Kind erwünscht gewesen, z. B. Anzahl der Geschwister, Stellung in deren Reihe, Beruf der Eltern usw. Mit all diesen Fragen wären jedoch die Erzieher allein schon durch den größeren Zeitaufwand überfordert worden. Es mußte aus diesem Grunde darauf verzichtet werden. Die Fragegruppe 4 war nur auszufüllen, wenn das Kind Verhaltensstörungen zeigte, die Gruppe 6 nur, soweit das elterliche Milieu bekannt war.

Erst im Laufe der Untersuchung machte sich bemerkbar, daß die Aussage ›fördernd‹ in Gruppe 6 gelegentlich mißverstanden wurde. Es war beabsichtigt, zu erfragen, ob das Kind im gutem Sinne von zu Hause gefördert würde, was freilich heute schon nach recht unterschiedlichen Maßstäben gemessen zu werden pflegt. Zuweilen wollten aber, wie sich durch Rückfragen erwies, die Erzieher mit der Antwort ›fördernd‹ die Bereitschaft der Familie zur Förderung anzeigen; daß diese sich nicht immer mit den objektiven Erfordernissen deckt, ist bekannt. Bezeichnenderweise wurde dieses Mißverständnis dadurch entdeckt, daß einige Male mit ›gefördert‹ bezeichnete Kinder einen irritierten Testausdruck produzierten und zugleich als launisch angegeben wurden.

Auch diese Kritik ›launisch‹ bedarf eines Kommentars. Die Kinder werden heute noch häufig in bester Absicht nach dem ›Nonfrustration-Prinzip‹ erzogen, daß heißt: möglichst ohne Neins der Eltern. Wenn die Eltern dann vor den kleinen Tyrannen kapitulieren, die sie dadurch heranbilden, so schicken sie sie gern in den Kindergarten. Nicht immer besagt ›launisch‹ also eine ernsthafte Charaktereigenschaft auf der Basis einer Stimmungslabilität.

Eine weitere Bemerkung zu der Angabe ›scheu‹. In den Kindergarten oder Kinderhort kommen häufig Einzelkinder, weil deren Mütter sich eher zur Ausübung eines Berufes entschließen als kinderreiche Mütter. Gerade Einzelkinder sind jedoch in neuer Umgebung, und gar in der ungewohnten Gruppe, leicht ›scheu‹. Die Angabe sollte aber dann ernst genommen werden, wenn zugleich in Gruppe 4 ›gehemmt‹ ausgefüllt wird.

Interessant ist auch, welche unterschiedlichen Ursachen für die vom Erzieher angegebene Aggressivität in den Tests zum Vorschein kommen. Zwei Motivrichtungen waren hier besonders zu unterscheiden: einmal die ungeordnete Kraft eines aktiven Kindes, zum andern fand sich häufig die Kompensation von Hilflosigkeit und Schwäche. Hier eröffnet sich ein weites Feld für die Erforschung von Sekundäreigenschaften, zu denen das aggressive Verhalten gehört, im Hinblick auf die zugrundeliegenden Primäreigenschaften.

Bemerkenswert sind in den Erzieherangaben vor allem Kombinationen von Eigenschaften, die man bei einem seelisch gesunden Kind nicht zusammen erwartet. So ist ein aktives Kind eigentlich nicht lustlos (wie angegeben zu Abb. 56), ein initiatives Kind nicht gehemmt (wie bei Abb. 68). Hier gilt es, weiterzufragen nach den Lebensumständen und nach der Biographie des Kindes.

Im allgemeinen decken sich die Erzieherurteile mit dem Testausdruck, und das war eine Bestätigung der Hypothese, daß der SWT für Kleinkinder von hohem diagnostischen Wert ist. Es gab jedoch auch Überraschungen, die nicht weniger bedeutsam für die Praxis sind. Es fanden sich Tests, deren Art der Ausführung nach den Erzieherurteilen nicht zu erwarten war, und zwar in zweierlei Hinsicht.

Einmal gab es von Kindern aus ›belastendem‹ Milieu störungsfreie und harmonische Tests. Ein Beispiel hierfür ist der SWT des 7jährigen Zigeuners Abb. 74, der nicht schulfähig ist. Hier muß berücksichtigt werden, daß nicht jedes familiäre Milieu für ein Kind belastend ist, das wir von unseren Traditionen her als solches empfinden. Wenn zehn Personen in zwei Zimmern wohnen, so kann dies so sehr zu den Lebensgewohnheiten der Gruppe gehören — hier der Zigeuner —, daß es für das Kind heimatlich ist. Die ethnologische Feldforschung hat bewiesen, welche Bedeutung die Gewohnheiten der Gruppe für das Wir-Gefühl (und damit das des Geborgenheitserlebens) des Einzelnen und besonders des Kindes haben.

Der andere Fall ist schwerer wiegend. Es gab schwer gestörte Tests von Kindern, die für die Erzieher zum mindesten normal und unauffällig waren. Hier können vor allem die Tests Abb. 60 und 69 angeführt werden. Im ersten Fall läßt die Anamnese vermuten, daß eine überstandene Gehirnhautentzündung Schädigungen hinterlassen hat. Im anderen Fall hat das Kind die Scheidung seiner Eltern erlebt, was ein Trauma hinterlassen haben könnte. In beiden Fällen werden die im Test ausgedrückten schweren Störungen auf frühkindliche Schädigungen zurückzuführen sein. Erfahrungsgemäß treten später bei Belastungen oder in Krisenzeiten häufig schwere Verhaltensstörungen auf, deren Ursachen man nicht kennt. Sie könnten auf solchen frühkindlichen Schädigungen beruhen, was die Wichtigkeit ihrer frühen Entdeckung unterstreicht.

Einige Beobachtungen im kindlichen Testausdruck seien noch angemerkt. Raumverkehrungen im Oben und Unten von Sternen und Wellen waren nur bei milieubelasteten Kindern zu beobachten (Abb. 40, 75). — Winkelförmige Wellen ließen den Schluß auf verkrampfte Sperrung zu (Abb. 40, 46, 52, 69). — Kreisförmige bis abgeschlossen-kugelförmige Wellen kamen nur bei Milieubelastungen vor, sie könnten als Ausdruck der Selbstisolierung interpretiert werden (Abb. 36, 56, 67, 68, 70).

II. Testinterpretationen

1. Zwanzig Einzeltests

Die jetzt folgenden Tests zeigen den SWT in seiner Eigenart als Persönlichkeitstest, wie er in der Beratungspraxis verwendet wird. Sie waren Grundlage von Beratungsgesprächen mit Eltern, Erziehern oder auch den Zeichnern selber. Die Anamnese ist jeweils bekannt, sie wird hier nur in Stichworten angegeben.

Eingangs wird als Prototyp ein Test von einem gut entwickelten, völlig ungestörten Mädchen gezeigt. Anschließend soll die Zeichnung eines etwa 3jährigen erkennen lassen, wie die Ausführung der ›Aufgabe SWT‹ aus der freien Kritzelei entsteht. Dann sind die Tests dem Alter nach angeordnet worden. Bei ihrer Auswahl wurde berücksichtigt, daß sie auch typische Jugendprobleme repräsentieren. Zweimal wird ein Wiederholungstest von derselben Person gezeigt, um Hinweise auf die Entwicklung — im ersten Fall aus einer Lebensphase, im zweiten aus einem Konflikt — recht anschaulich zu machen.

Prinzipiell wird der SWT genauso bei Erwachsenen angewandt. Vier Tests von Erwachsenen zwischen 33 und 73 Jahren, die als Beispiele im ersten Teil gezeigt werden, können dies deutlich machen.

Abb. 77

♀ 16;6

I

Der vorliegende Test soll als Prototyp einer Ausführung den folgenden Beispielen vorangestellt werden. Er stammt von einem seelisch gesunden und ungestörten Mädchen, das begabt ist und daher die schulischen Anforderungen mühelos schafft, und als Persönlichkeit reif genug ist, um die existentiellen Anforderungen des Lebens zu bewältigen. Auf die psychopathologische Fragestellung ergibt der Test die eindeutige Antwort »ohne Befund«.

Der Zeichenraum ist ebenmäßig ausgefüllt. Die Gestaltungen kommen aus einem einheitlichen Prinzip, aus der ›seelischen Mitte‹ der Zeichnerin. Himmel und Meer sind proportional ausgewogen; auch die Seiten des Bildes sind gleichmäßig einbezogen. Die Mitte wird in origineller Weise ausgeführt: der vom Horizont teils verdeckte Stern integriert die gegensätzlichen Elemente von Himmel und Wasser, die auf Geist und Leben hinweisen. Die symbolische Auswertung des Tests spricht schlicht und einfach von der gelungenen Selbstentfaltung und Integration der jungen und offenbar geprägten Persönlichkeit.

Die Strichführung ist ungestört, der Pendelstrich gelungen und zart bis tonig — auf eine ansprechbare Rezeptivität hinweisend —, die Gestaltung der Sterne klar, nüchtern, ohne karg zu sein, mit gezieltem, scharfem Einzelstrich konturierend. Das Mädchen denkt und steuert seine Natur distanziert, bewußt und in ganzheitlicher Sichtweise der Probleme.

Tochter aus intaktem Elternhaus, die unter Kameraden beliebt ist und leicht Freundschaften schließt. Sie ist gut begabt und arbeitet als Oberschülerin interessiert und konzentriert, erfolgreich, ohne ehrgeizig zu sein.

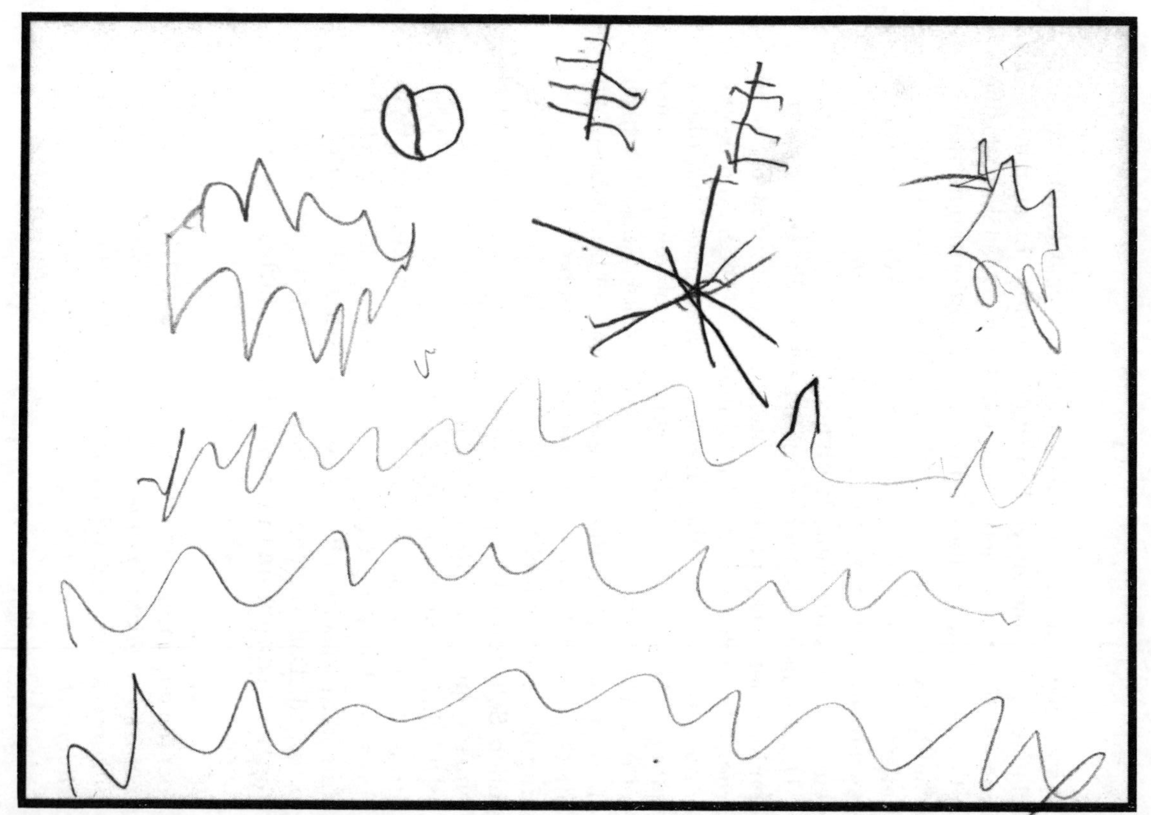

Abb. 78

♂ 3;—

II

Der Test dieses 3jährigen Kindes könnte seiner Eigenart nach aus der Kindheit der vorigen Zeichnerin stammen, was aber nicht der Fall ist. Er ist ihm im charakteristischen Ausdruck ähnlich, und er zeigt die Entstehung des Sterne-Wellen-Tests aus der kindlichen Kritzelei in statu nascendi.

Es ist deutlich zu erkennen, wie das Kind die Aufgabe sehr wohl verstanden hat, jetzt aber die Darstellung des Themas durchprobiert. Wellen erscheinen zaghaft und bruckstückweise unmotiviert im Raum, Sterne werden in mehreren Formen versucht, ehe sich, noch unbeholfen, aus gekreuzten Linien ein Strichstern bildet.

Einige typische Erscheinungen kann man im Entstehungsprozeß geradezu nachvollziehen. So werden die Wellen immer sicherer, länger, selbstständiger in der Formung des Ablaufs. Bezeichnend ist auch der lockere und zarte Strich, in dem die Wellen dargestellt werden. Die Gestaltung der Sterne erfolgt dagegen, durch konzentrierte Wachheit verursacht, in steiler Griffelhaltung; so entsteht der ›scharfe‹ Strich, der auf wache Bewußtheit und Kontrolle schließen läßt.

Aus dem harmonisch und unbekümmert ausgefüllten Zeichenraum, ebenso aus jedem Fehlen von Strichstörungen schließen wir auf Unbefangenheit und Ungestörtheit. Das Kind zeigt ja durchaus seine Unsicherheit in der Bewältigung der Aufgabe ›Sterne über Wellen‹. Aber der Strich der Wellen ist nicht brüchig oder zart-fragil, der Strich der Sternzeichnung wird trotz der sichtlichen Bemühung nicht verkrampft, nicht scharf-hart.

Außer dem Alter von etwa drei Jahren sind die persönlichen Daten des Kindes unbekannt.

Abb. 79

♀ 7;2

III

Ein ganz mit ›Wasser‹ angefüllter Test zeigt oben eine fest gefügte Kette von Sternen, die durch einen locker angegliederten Mittelstern ergänzt wird.

Das Kind strebt hier wohl schon eine Bildlösung an, es hat das Thema als Ganzes vor Augen. Zuerst wird der Testrahmen bis oben mit ›Wasser‹ ausgefüllt, locker und immer zurückhaltender zum oberen Rand hin. Dann folgt die sorgsame und viel kontrolliertere Zeichnung der Sterne. Das Bild wird nicht ebenmäßig, erhält aber doch ein gewisses Gleichmaß der Darstellung. Trotz des alles erfüllenden Wassers liegt die Betonung der Zeichnung auf den Sternen, die durch Form und Strichart anzeigen, daß ihnen das eigentliche Interesse des Kindes gilt.

Symbolische Auswertungen sind bei Kleinkindern selten möglich. Hier könnte jedoch der Mittenstern nicht zufällig entstanden sein, denn das Mädchen ist jüngstes Kind nach vier älteren Brüdern und sich der seiner Stellung als Nesthäkchen durchaus bewußt.

Das Wasser ist nicht als Wellenlinie im auf und ab schwingenden Pendelstrich ausgeführt, doch läßt es die lokker hin und her pendelnde Bewegung des zeichnenden Armes erkennen. Die Strichführung ist sicher. Der Strichcharakter ist beim Wasser durchweg zart. Ganz anders bei den Sternen: sie sind mit steil aufgesetztem Stift scharf konturiert, im bewältigten Einzelstrich sicher ausgeführt. Bemerkenswert ist die feine Abgrenzung der Sterne voneinander rechts im Bild, obwohl sie sich hier besonders dicht drängen.

Freies und verspieltes, aber in der Schule sorgsames und gewissenhaftes Kind in geborgener Familienatmosphäre.

Abb. 80

♀ 8;9

IV

Die gut bewältigte Zeichnung, die überdies ungezwungen und frisch wirkt, läßt auf ein psychisch gesundes und gefördertes Kind schließen.

In diesem Alter bringt ein Kind noch nicht häufig eine Bildlösung, wie sie hier vorliegt. Das Mädchen konzipiert das Thema als Ganzheit. Dies spricht einerseits von einer wachen und geförderten Intelligenz, andererseits von einer Gemütsbeteiligung, die sich auch in der liebevollen Ausführung der Flächensterne zeigt.

Das Bild wirkt ebenmäßig. Die Verteilung der Bildmomente ist gleichgewichtig, ausgewogen. Die Wellen schwingen, sie ›schwappen‹ förmlich, was offensichtlich nicht bewußt angestrebt wurde. Auch hier bestätigt sich, daß das Kind aus seiner Mitte heraus gestaltet. Bemerkenswert ist der gut eingefügte Mond. Die Proportionen von Himmel und Wasser sind ausgewogen, auch der Zwischenraum wirkt ebenmäßig gegliedert.

Sowohl der Einzelstrich als auch der Pendelstrich werden in der Zeichnung gut bewältigt. Die Sterne sind durchweg gut konturiert, wir erkennen den überwiegend scharfen, zum Teil festen Strich, der die aktive Weltzuwendung des Großkindes verrät. Dem Thema ›Wellen‹ wird mit schwingendem Strich spontan Folge geleistet; der Strich wird hier tonig und läßt auf rezeptive Ansprechbarkeit der Achtjährigen schließen.

Die Anamnese bestätigt den gewonnenen Eindruck, das Kind wird allerdings durch die intellektuellen Vorbilder in der Familie (Vater und Mutter Pädagogen, älterer Bruder guter Schüler eines Gymnasiums) für sein Alter stark gefordert.

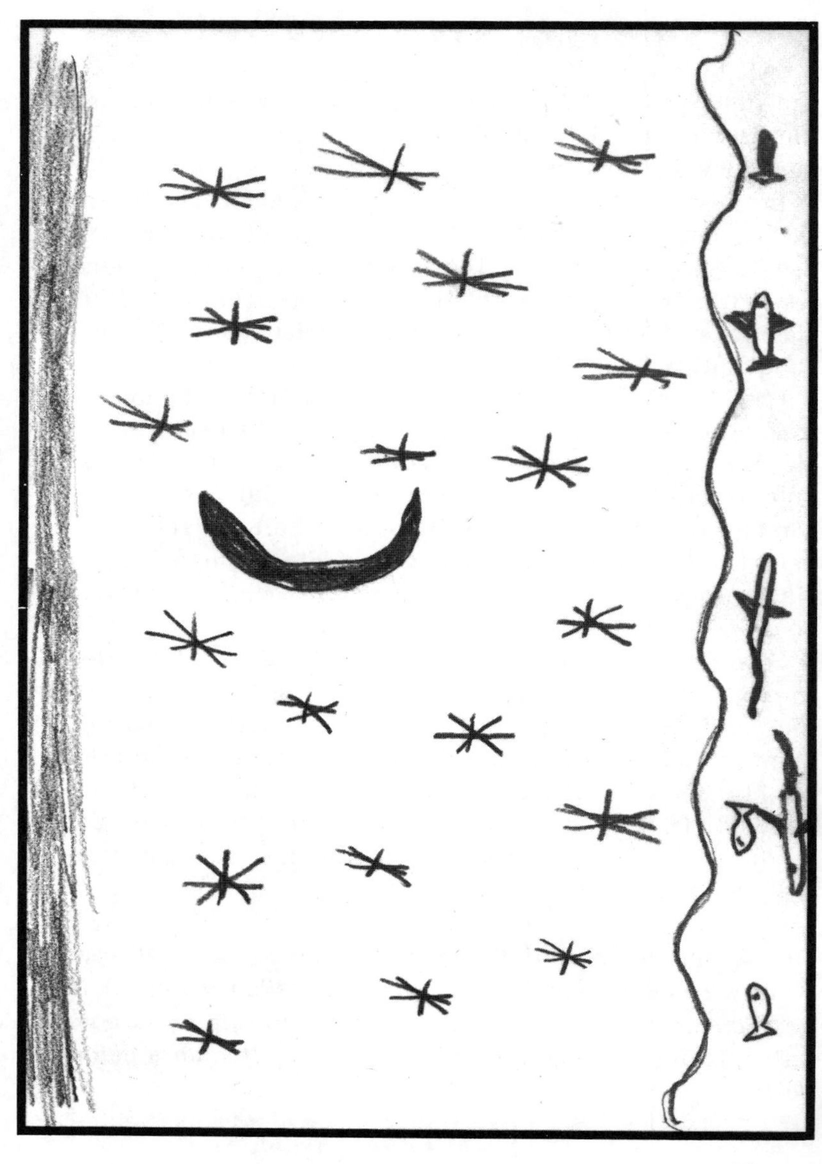

Abb. 81 ♀ 10;1

V

Die spielerische Auffassung des Themas steht im Kontrast zu der verkrampften Durchführung der Testaufgabe. Hier kommen offenbar Impulse eines noch sehr kindlichen Mädchens nicht frei zur Entfaltung.

Wir haben eine Bildlösung vor uns. Die emotionale Beteiligung beim Zeichnen ist zu spüren und ebenso das liebevolle Interesse bis ins Detail.

Trotz recht guter Proportionen will das Bild uns weder als gleichmäßig noch als ebenmäßig ansprechen, und schon gar nicht als regelmäßig. Die bewältigte Verteilung läßt doch eine gewisse Unstrukturiertheit erkennen, was sich uns als Unruhe mitteilt.

Wie häufig bei jüngeren Kindern, sind Himmel und Wasser hart an den oberen beziehungsweise unteren Rand gedrängt. Doch ist bei diesem Mädchen die Mitte ausgefüllt mit Sternen, so daß wir zweimal das Thema beantwortet erhalten: die Sterne haben über sich noch Himmel. Das Mädchen fabuliert, erzählt mit ihrem Bild.

Fische und Mond können hier als Ergänzungen angesehen werden, wobei die Fische das Fabulierende, das Spielerische anzeigen, der fixierend geschwärzte Mond dagegen die verkrampfte Bemühung um Ratio und Kontrolle. Die Rezeptivität ist gestört.

Der Einzelstrich ist teils bewältigt, teils vernachlässigt. Die Wellenlinie verläuft in einem Bogen, der aber nicht zu einem lockeren Pendelstrich geworden ist. Die Strichart ist sowohl bei den Sternen als auch den Wellen fest bis festdeftig. Der ›obere‹ Himmel ist als Fläche gedunkelt. Fixierend geschwärzt erscheint uns der Mond mitten im Bild als zentrale Lichtquelle, dem Strichcharakter nach ein Hinweis auf Konflikte. Die Fischlein im Wasser sind starr mit festdeftigem Strich ausgeführt. Des Kindes Verkrampfung ist nicht zu übersehen.

Die 10jährige ist schwerer Legastheniker. Die intellektuelle und lebenstüchtige Mutter überfordert sie. Ihr kindliches Spielbedürfnis kann sich nicht entfalten, der Leistungsdruck treibt sie in eine verkrampfte und dadurch unfruchtbare Willensbemühung.

VI

Die stürmische Ausführung des Tests läßt uns an ein extravertiertes und selbstsicheres Kind denken. Ein Vergleich mit dem folgenden Test der gleichen Zeichnerin (VII) läßt erkennen, wie stark hier die Altersphase mitspricht.

Das Mädchen hat den Test als Bildlösung ausgefüllt, durchaus stimmungshaltig, wenn auch das Dekorative überwiegt und somit auch ein Aspekt der Formlösung zu erkennen ist. Der Drang zur Selbstdemonstration ist hier nicht zu übersehen.

Trotz der etwas massiven Zeichnung kann die Raumverteilung als ebenmäßig gelten. Das Mädchen kompensiert in seiner demonstrativen Darstellungsfreude zwar auch eine gewiß schon erlebte Unsicherheit, das innere Gleichgewicht scheint aber noch zu dominieren.

Himmel und Wasser sind proportional ausgewogen; auch dies weist darauf hin, daß das seelische Gleichgewicht nicht ernsthaft gefährdet ist.

Wir finden außer Sternen und Wellen auch Mond und Wolken, die aber sicher weniger Symbolcharakter haben als den von kindlichen Ausschmückungen, die hier schon etwas unkindlich-gewollt wirken.

Die Stricharten der Zeichnung überraschen insofern, als trotz kraftvoller Bildaussage der Pendelstrich fehlt. Die Wellen erscheinen als forcierte Zacken, sie schwingen nicht, sie stehen wie Zementspitzen. Die Strichart ist hier fest-deftig bis tonig-schwammig. Die Sterne sind scharf-hart konturiert. Nur bei den Wolkenzeichnungen findet sich auch ein zarter Strich. Die Ausfüllung der Mitte durch sphärenartige Gebilde ist tonig-schwammig gezeichnet und läßt eine erhebliche sensuelle Beeinflußbarkeit vermuten.

Das Mädchen ist Tochter aus behütetem und auch etwas verwöhnendem gutbürgerlichem Zuhause.

Abb. 82 ♀ 12;4

VII

In dem zart gezeichneten und verinnerlicht wirkenden Test ist die Zeichnerin des vorigen Tests (VI) kaum wiederzuerkennen. Hier ist der Einbruch in die eigene Innerlichkeit, die erwachende Tendenz zur Reflexion im späteren Pubertätsalter unübersehbar zum Ausdruck gekommen.

Wir haben in diesem Test eine typische Stimmungslösung vor uns, die auf alle Momente der Darstellung verzichtet, die aber auch von einer fabulierenden Bildlösung weit entfernt ist. Das Mädchen hat in seiner Entwicklung einen Schritt von der extroversen Großkindzeit zur introversen Pubertät gemacht.

Wir würden die Raumbehandlung ebenmäßig nennen, wenn nicht die ausdrückliche Leere im rechten Teil des Bildes dagegen spräche. Hier aber scheint es sich um einen Ausdrucksgehalt zu handeln. Links, also auf das Erleben bezogen, verdichtet sich die Zeichnung, wird sie reich und vielseitig. Rechts dagegen, nach außen gewandt, werden Elemente nur angedeutet. Die Mitte entzieht sich der Umwelt weitgehend.

In der Anordnung der Wellen erkennen wir noch etwas den vorherigen Test. Auch hier gibt es keinen schwingenden Pendelstrich, auch hier ›fließt‹ es nicht ab. Aber die spitzen Zacken des ersten Tests sind jetzt zu weichen, meist runden oder doch abgerundeten Wellenbergen geworden. Bemerkenswert ist der Unterschied in der Strichart. Der Strichcharakter der Wellendarstellung ist jetzt tonig oder gar zart. Die Sterne sind mit gut konturiertem, scharfem Einzelstrich gezeichnet. Der Untergrund ist sanft getönt. Zarter und toniger Strich sowie Tönung der Fläche weisen auf sensible Rezeptivität hin. Die scharfen Konturen ergänzen das Charakteristische der seelischen Haltung um die Fähigkeit zu rationaler Kontrolle. Bemerkenswert sind die jetzt neu auftauchenden Schraffierungen der Flächen, die vorwiegend in der linken Bildseite erscheinen. Hiermit kommt die Neigung der Zeichnerin zur Reflektion, zur Be-

Abb. 83

♀ 14;2

sinnung zum Ausdruck, die im ersten Test so ganz zurücktrat.

Der Test wird jetzt in echterer Weise durch Sterne und Wellen ausgefüllt. Wolken und Mond des ersten Bildes fehlen. Wir können jetzt die Sterne als Symbol für das erwachende Geistige nehmen. Die Wellen erscheinen als Ausdruck einer zur Zeit weniger stürmischen als belasteten Natur. Die Pubertätskrise macht sich bemerkbar, mit dem starken Akzent des Fragens und Infragestellens, der erst am Übergang zur Adoleszenz aufzutreten pflegt.

Die Entwicklung des Mädchens ist durch die enge Bindung an die Eltern und das starke Bedürfnis zur Lösung nicht ohne Spannung, kann aber als positiv angesehen werden.

Abb. 84

♂ 12;7

VIII

Eindringlich und anspruchsvoll zugleich drängt sich ein Stern dem Betrachter auf, der von einer Korona umgeben ist. So eindeutig findet sich die Mittenbetonung des Ich selten.

Der Zeichner will scheinbar auf die Testaufforderung hin ein Bild gestalten. Die Exploration bestätigt aber, daß dieses Bild vor allem eine unbewußt entstandene Sinnlösung ist. Wie so oft in der Pubertät, ist das Unbewußte jetzt besonders ansprechbar und reagiert auf geringes und scheinbar nebensächliches Provozieren, wie hier durch die Aufforderung, ›Sterne‹ zu zeichnen.

Trotz der recht unterschiedlichen Raumverteilung wirkt das Bild ebenmäßig. Der wuchtige Mittenstern, der den Himmel beherrscht, wird von einer gleichgewichtigen Anordnung kleinerer Sterne umgeben. Die untere Fläche des Bildes wird durch beiläufig, aber nicht unharmonisch gezeichnete Wellenlinien ausgefüllt.

Der Himmel beansprucht in der Zeichnung nicht mehr Raum als das Wasser, aber das Darstellende und Demonstrative der Sterne verdrängt jedes andere Moment des Tests zu einer Nebensächlichkeit.

Die Betonung der Sterne wird durch die Stricharten noch verstärkt. Die Wellen sind im Pendelstrich, die Sterne im Einzelstrich gezeichnet. Beide Arten der Strichführung sind bewältigt und sicher ausgeführt. Der Strichcharakter in der Sterndarstellung ist fest, nicht scharf. Hier überwiegt der Ausdruck des massiven Durchsetzungswillens. Die Wellen dagegen sind in ganz ungestört zartem Strich ausgeführt, ein Ausdruck der Fähigkeit zu sensibler Rezeptivität des Jungen.

Die symbolische Bedeutung der Zeichnung drängt sich geradezu auf und gibt Hinweise für die Exploration. Die Selbstdarstellung im Mittenstern ist von wuchtiger Sicherheit. Der Stern bereitet sich, er streckt sich förmlich in die vier Himmelsrichtungen. Die umgebenden Sterne — zu recht könnten wir hier von einem ›Hof‹ sprechen — betonen noch die zentrale Stellung des Hauptsterns. Es muß erfragt werden, ob sich diese Selbstdemonstration auch im Leben des Jungen zeigt, ob sie anderen gegenüber in Erscheinung tritt als ein Dominierenwollen und schließlich, ob dieses auch die eigene Rezeptivität verdrängt und überfährt. Das kann jetzt in der Pubertät kompensatorisch sein, es muß nicht konstitutiv in der Natur des Zeichners liegen.

Der junge Spanier aus wohlhabendem Hause ist zu sozialer und vor allem zu männlicher Überlegenheit erzogen worden, die sein Selbstgefühl geformt hat und sein Verhalten bestimmt. Der gute Schüler und sensible Junge erwies sich in der Gruppe durch seine rücksichtslosen Dominierungsansprüche als sozial störend und schließlich untragbar.

IX

Bei diesem Test fragen wir uns, ob es sich wirklich um die Antwort auf »Sterne und Wellen« handelt oder ob der Zeichner eine Mauer darstellen wollte, hinter der der Mond scheint. Tatsächlich aber meinte er: Himmel und Wasserwellen.

Die mageren, fast starren Formen des Bildes könnten auf eine Sachlösung schließen lassen. Die in der Testanforderung unerfragten Attribute dagegen, Felsen rechts und betonter Mond bei, nota bene, völlig fehlenden Sternen, legen eher ein Bildlösung nahe. Tatsächlich aber erweist sich die Testantwort als eine tief symbolische Sinnlösung.

In der Aufteilung des Raumes schon deutet sich eine Störung des Jungen an. Hier ist nicht ein ungefähres Gleichmaß gelungen und natürlich kann man schon gar nicht von Ebenmaß sprechen. Aber auch das kompensatorische Regelmaß liegt nicht vor. Das Bild ist ungleichgewichtig in der Struktur.

Vom Gesamteindruck her würde man eindeutig sagen, daß das Wasser als Ausdruck des Seelischen im Bild dominiert. Ihm fehlen jedoch die Eigenqualitäten des Wassers, es ist nicht flüssig, nicht beweglich-schwingend, sondern starr, erstarrt. Überdies nimmt ein Drittel des Raumes der Felsen rechts im Bild ein, der weder zu dem Thema Meereswellen noch zum Sternenhimmel gehört. Sterne fehlen ganz, es bleibt jedoch ein breiter, leerer Raum, der etwa zwei Drittel des Bildes ausmacht. Die einzige, offenbar kompensatorische Lichtquelle ist ein scharf betonter Mond.

Der zu erwartende Pendelstrich fehlt ganz; der Einzelstrich dominiert völlig, was die einseitige und auch durch den Charakter des Striches ausgewiesene verkrampfte Bemühung um rationale Kontrolle verrät. Der Strich ist scharfhart in der Konturierung des Mondes, scharf bis tonigschwammig in der Zeichnung der Wellen. Daß er gerade in den aufgetürmten Felsen auch zart erscheint, läßt die Diskrepanz im Erleben des Kindes sichtbar werden. Hier leidet

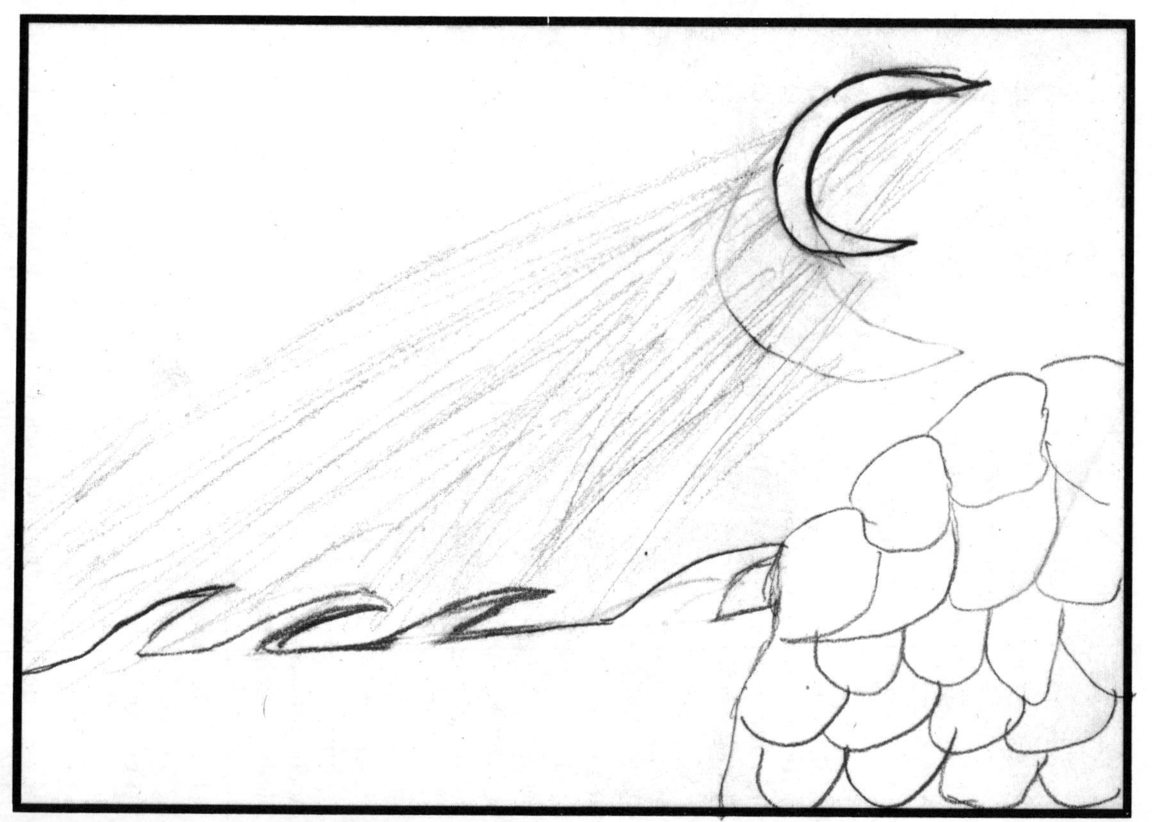

Abb. 85

♂ 12;4

ein sensibles Kind, das vermutlich schwer gestört ist. Ergreifend sind im Kontrast zu den Ecken und Scharten in der Zeichnung die zart-fragilen Strahlen des Mondes, der sein Licht auf die Wellen wirft.

Hier haben wir einen tief symbolischen Test, der ausnahmsweise keinen Zweifel an der tiefpsychischen Quelle solcher Ausdrucksbilder läßt. Der wache und begabte 12jährige Oberschüler hat die Testaufforderung sehr wohl verstanden und intendiert die entsprechende Antwort. Aber »es« zwingt ihn zu Darstellungen von Erlebnisinhalten, die sein verkrampft-waches Bewußtsein überschwemmen. Die erstarrten Wellen lassen eine schwere Frustration des Erlebens erkennen; die aufgetürmten Felsen rechts im Bild verbauen Umweltkontakte und Zukunft. Der Mond als einzige Lichtquelle steht im Dialog mit dem Wasser, Bewußtsein und Erleben mögen zaghaften und verletzlichen Kontakt gefunden haben.

Das Kind aus integrer Familie hatte kürzlich den Unfalltod seines Bruders miterlebt, was vermutlich ein Trauma verursacht hat.

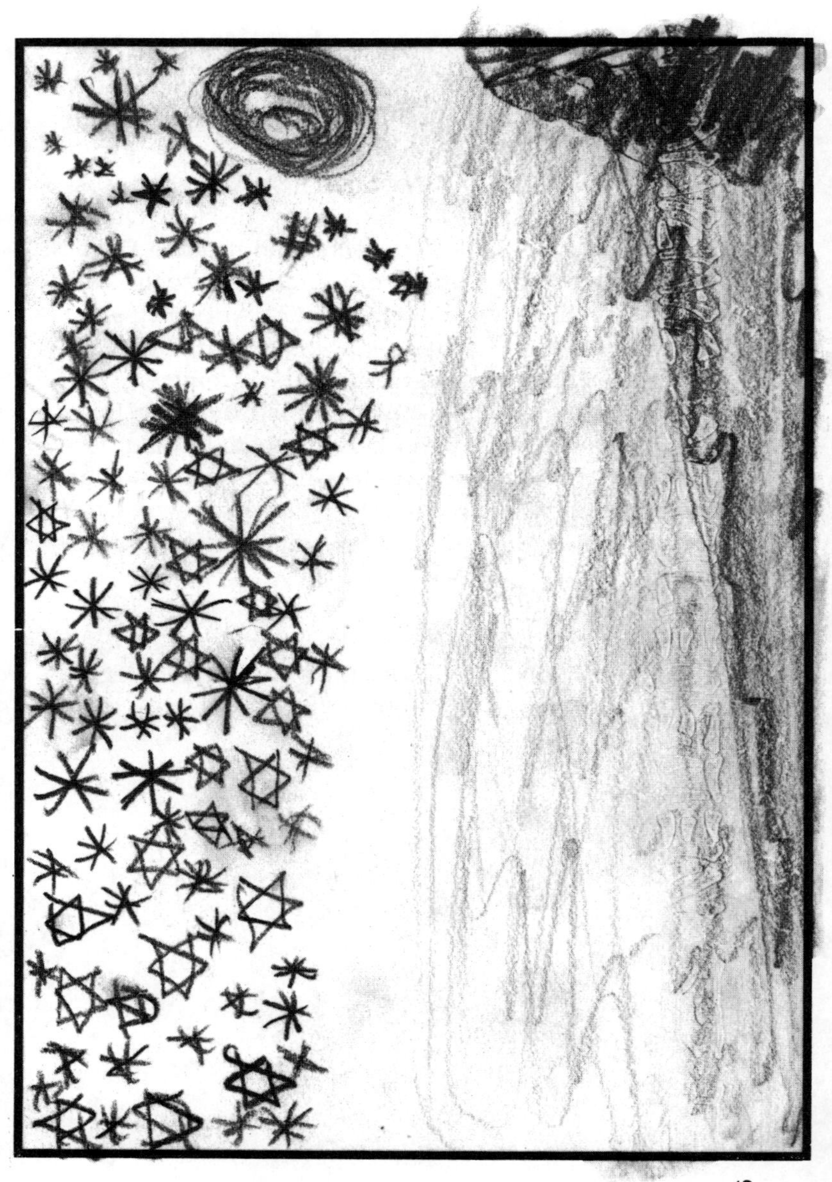

Abb. 86

♀ 13;3

X

Die Disharmonie des Bildes läßt uns spontan vermuten, daß hier eine Störung der Persönlichkeit vorliegt. Vielleicht können wir sogar ihrer Ursache näher kommen.

Das Mädchen bringt mit der Testantwort eine Stimmungslösung, die sich zugleich als Sinnlösung erweist. In der Pubertät kommt dies häufiger vor. Diagnostisch wichtig ist die unbewältigte Raumgliederung, bei doch offensichtlich recht guter Zeichenbegabung. Wir haben eine Disharmonie der Proportionen vor uns, die zweifellos nicht auf der Unfähigkeit beruht, eine ausgewogene Zeichnung zu bringen. Dabei fallen die Betonungen auf, die in dem oberen Bildteil durch die dichte Anordnung der vielen und vielseitigen Sterne und in dem rechten Teil durch Mond und Felsen entstehen. Der Drang nach Denken und Verstehen richtet sich offenbar auf einen Konflikt mit der Umwelt.

So eindeutig das Bild als Ganzes gestört wirkt, so überraschend gut sind die Elemente bewältigt. Die betonte Wellenlinie, die in der unteren linken Seite des Bildes ansetzt und flach nach rechts spült, ist das Beispiel eines lockeren und gut gelungenen Pendelstriches. Die Sterne sind nicht alle, doch aber in der Überzahl mit gelungenem Einzelstrich gezeichnet. Die Strichführung ist freilich unsicher, und hierin verrät sich wiederum die Irritierung des Mädchens. Diese kommt auch zum Ausdruck in dem tonig-schwammigen Strichcharakter des Mondes und vieler Sterne, was als Ausdruck der Beeinflußbarkeit in bedenkenswertem Zusammenhang steht mit der Bemühung des Mädchens um Verstehen und rationale Kontrolle. Nehmen wir die Disharmonie der Raumaufteilung hinzu, so vermuten wir schon eine Krise bei der Dreizehnjährigen. Die fixierende Schwärzung des Felsens rechts im Bild deutet als Ursache einen Konflikt in der Umwelt an. Der sehr zarte Strich, mit dem weite Teile des Wassers im linken Bereich ausgeführt sind, weist auf die seelische Empfindsamkeit des Mädchens hin, die in der Beratung zu berücksichtigen ist. Die Sterne sind zum Teil tonig-schwammig, zum Teil scharf-hart gezeichnet — jene Kombination, die wir als Unsicherheit und deren Kompensation recht häufig finden.

Die Symbole dieses Tests drängen sich auf. Der Felsen rechts im Bild ist steil und unwegsam gezeichnet. Die fixierende Schwärzung weist auf einen Konflikt hin, den wir in der Umweltbeziehung vermuten können. Wie stark die Zeichnerin affektiv beteiligt ist, läßt der heftige Strich erkennen, der den Rand überfährt. Alles Wasser drängt auf den Felsen zu. Der Mond als Quelle des Lichtes und damit als das Symbol des Geistigen, des Verstehenwollens, steht direkt über dem Felsen. Die dicht gedrängten und vielseitig geformten Sterne nehmen zum Felsen hin zu. Ergänzend zu der anschaulich dargestellten Konfliktsituation deuten wir die affektive Dunkelung der Felsenfläche, den diffusen, tonig-schwammigen Strich, in dem der Mond und viele Sterne gezeichnet sind, aber auch den häufig kompensierend scharf-harten Strich vieler Sterne.

Das Mädchen ist verunsichert, aber es erlebt auch seinen Zustand und vermutlich sogar die Ursache seiner seelischen Not.

Die 13jährige ist von früher Kindheit an als Persönlichkeit überfordert worden. Beim Versagen selbständiger Entscheidungen und Handlungen hatte sie mit affektiven Ausbrüchen der Mutter zu rechnen. Sie lebt getrennt von den Eltern, ein Wiedersehen steht jedoch bevor und ängstigt sie. ›Vernünftelnd‹ sucht sie psychologischen Rat, den sie befolgt: Sie führt ein langes und offenes Gespräch mit dem weniger affektiven Vater, das ihr auch einen neuen Zugang zur Mutter ermöglicht. Der folgende Test deutet die weitere Entwicklung an.

XI

Dieser Test stammt von derselben Zeichnerin wie der vorige (X). Er ist zwölf Monate später entstanden. Er soll sowohl in sich betrachtet und ausgewertet als auch mit dem vorigen verglichen werden. Das Mädchen hat eine grundsätzliche Auseinandersetzung mit ihren Eltern angestrebt und durchgeführt. Hat sich der Konflikt gelöst oder stagniert ihre Situation? Haben sich die Animositäten zwischen Kind und Eltern verfestigt?

Wir haben wieder eine Stimmungslösung vor uns, wieder ist sie zugleich eine Sinnlösung. Die Tiefenpsyche des Mädchens ist sensibel ansprechbar und ausdruckswillig, seine seelische Zugänglichkeit ist seine Entwicklungschance, aber auch seine Gefährdung. Die Raumgliederung des Tests ist heute, besonders im Vergleich zum vorigen, überraschend gleichgewichtig, ja ebenmäßig. Gewiß gibt es noch einen Schwerpunkt in der rechten Bildseite, der jedoch durch einen Wolkenstreifen in der Diagonale aufgenommen wird. Anschaulich drückt sich hierin das bessere seelische Gleichgewicht der Zeichnerin aus. Dabei muß besonders beachtet werden, daß jetzt das Ungleichmaß des vorigen Tests nicht durch Verregelung kompensiert wird. Die Aufgliederung der Elemente erfolgt spielerisch, vom Ganzen des Bildes her. Überraschend ist, daß die Proportionen von Himmel und Wasser geradezu ausgetauscht sind. Dabei ist weniger der eingenommene Raum ausschlaggebend als die Betonung der Darstellung. Während im vorigen Test der Himmel voll diffus drängender Sterne war, findet sich jetzt ein schmaler und ruhig wirkender Himmelsstreifen am oberen Rand des Bildes. Dagegen ist das Wasser jetzt zu andrängenden Wogen geworden; Welle auf Welle drängt gegen den Strand.

Beim Wasser fällt besonders die Intensität auf, mit der die Wellen, in rhythmisch schwingender Strichführung gezeichnet, dem Lande zu drängen. Die Sterne sind dagegen jetzt fast vernachlässigt. Sie sind einseitig als Kugelsterne dargestellt, mehr angedeutet, wenn auch der Einzelstrich im

Abb. 87
♀ 14;3

Test gut ausgeführt worden ist. Jetzt scheint der Drang nach Verstehen und begrifflichem Erfassen gestillt zu sein oder doch gegenüber der seelischen Bewegtheit zurückzutreten. Die Strichführung ist sicher. Der Strichcharakter ist zart bis scharf; Gefühl und rationale Durchdringung sind recht gut ausgewogen und Störungen zeigen sich in den Stricharten nicht mehr. In dem gezeichneten Kahn ist die Fläche schraffiert, ein weiterer Hinweis auf klarere rationale Tendenzen.

Bemerkeneswert ist auch der Wandel in den zusätzlichen Symbolen. Der unwegsame Felsen rechts im ersten Bild ist zu einem begehbaren Berg geworden, auf dem ein heimatlich anmutendes Haus steht. Und zu diesem Haus führt ein Weg, steil und schmal, aber geordnet und mit liebevoller Geduld bis vor die Haustür geführt. Der Berg soll wohl auch nicht als Felsen erscheinen, denn er ist offenbar mit Gras bewachsen. Vor dem Berg streckt sich ein Streifen Land bis zum Wasser aus, auf dem das Boot, Symbol der Verbindung und Überbrückung wartet. Über dem rechten Berg in der rechten Bildhälfte scheint noch immer der Mond. Aber wie friedlich ordnet er sich in den zart gezeichneten Himmel ein. Was von den Nebensymbolen jedoch am meisten überrascht, ist der Baum vor dem Haus, steil am Abhang zum Wasser hin, nicht zufällig bei dem Hause, ein Symbol des Lebens.

Das Mädchen hat nach einer gut vorbereiteten, in Ruhe und Sachlichkeit geführten Auseinandersetzung mit den Eltern ihr Verhältnis zu ihnen normalisieren können und damit ihr entscheidendes Problem beseitigt. Der Test spricht nicht nur für das besonnene und einfühlsame Verhalten des Mädchens, sondern auch für das der Eltern.

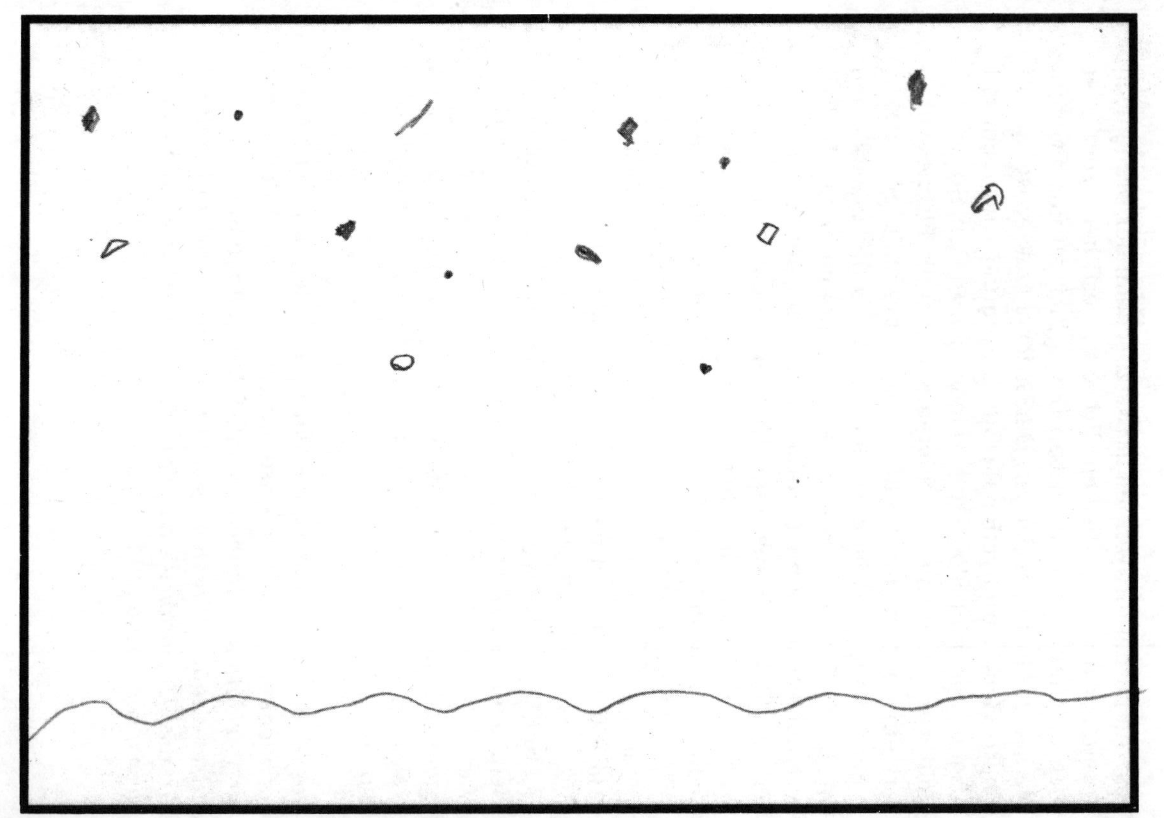

Abb. 88

♂ 16;4

XII

Der Test ist schüchtern ausgeführt, nicht aber leer oder mager; dagegen sprechen die gute Verteilung der Sterne und die eingehaltenen Proportionen.

Trotz der eigentlich nur angedeuteten Wellen und des sparsam gezeichneten Sternenhimmels geht diese vielleicht als Sachlösung intendierte Zeichnung doch in eine Bildlösung über. Wir erleben eine Ganzheit; die Teile sind durch ein einheitliches Gestaltprinzip aufeinander bezogen. Emotionales wird nicht verdrängt, jedoch zurückgehalten.

Trotz der ausgewogenen Verteilung der Elemente tendiert die Ausführung des Tests doch eher zum Gleichmaß als zum Ebenmaß. Verregelt oder starr wirkt sie dagegen nicht. Der Zeichner ordnet sich ein, er paßt sich an, folgt jedoch keinem Klischee.

Die Sterne sind nur wenig betont, aber das Meer ist noch zurückhaltender gezeichnet — sowohl in der einen Linie, auf die es reduziert ist, als auch durch den unterbetonten Raumanspruch. Die Impulse des Zeichners sind schwach und drängen nicht zum Ausdruck, sie sind aber nicht gestört.

Die Welle verläuft in sanftem, ungestörtem Pendelstrich; die Sterne werden in kontrolliertem Einzelstrich ausgeführt. Die Strichart ist zart bis scharf: Gefühl und Ratio halten sich die Waage.

Außer den ausdruckshaltigen Raumproportionen drängt sich kein Element der Zeichnung als Symbol auf.

Schulentlassener Realschüler, der sich um eine Stellung bewirbt.

Abb. 89

♂ 16;4

XIII

Der Test wirkt zart, empfindsam, fast müde. Seine Aussage ist eine wichtige Information für die Umgebung des 16jährigen, da dieser durch seine Arroganz bekannt und unbeliebt ist.

In das Bild, das der Zeichner anbietet, geht so viel Stimmung ein, daß man von einer Stimmungslösung sprechen kann. Wenn das im Widerspruch zu seinem betont rationalen Verhalten steht, so dürfte hier eine Seite seines Wesens zum Klingen kommen, die sich in den direkten menschlichen Kontakten nicht zeigt.

Interessant ist die Raumbehandlung, die, trotz einer gewissen Exzentrik der Anordnung im ›Sternenhimmel‹, im ganzen fast ebenmäßig wirkt. Wichtig ist auch der hohe Anteil, den das Wasser einnimmt, sowohl hinsichtlich der Raumaufteilung als auch der Dichte der Wellen im Unterschied zu den locker aufgegliederten Sternen. Auch hieraus vermuten wir eine höhere Sensibilität und seelische Ansprechbarkeit als sie der unmittelbare Kontakt mit dem Zeichner erkennen ließ.

Wertet man den Test überdies symbolisch in bezug auf Sterne und Wellen aus, so fällt die Wachheit im Ausdruck der Sterne, die Müdigkeit im Ausdruck der Wellen auf.

Die Stricharten geben hier eine besonders aufschlußreiche Bestätigung und Ergänzung der Anamnese und der übrigen Tests. Der Einzelstrich der Sterne ist ebenso gut eingehalten und ungestört bewältigt wie der Pendelstrich der Wellen. Während jedoch die Sterne sicher hingesetzt sind, ist der Strich der Wellenzeichnung unsicher. Hier bestätigt sich die Beheimatung des Zeichners im Geistigen und Rationalen, die Unsicherheit im Emotionalen und Instinktiven. Diese Aussage wird ergänzt durch die gelegentlich scharfe Konturierung der Sterne, während der Strich bei den Wellen fast durchweg zart-fragil ist.

Der Zeichner ist Sohn wohlhabender Eltern mit hohen Prestige-Ansprüchen, denen der introvertierte Junge zu genügen sucht. Seine emotionalen Bedürfnisse sind jedoch offensichtlich zu kurz gekommen, so daß selbst die seelische Spannkraft nicht voll entfaltet ist. Seine zur Schau getragene Arroganz dürfte als Kompensation von Einsamkeitsgefühlen verstanden werden.

XIV

Die fast regelmäßig angeordneten, fixierend geschwärzten Kugelsterne stehen in merkwürdigem Kontrast zu dem diffusen Wellengang. Das Bild strömt Unruhe aus, obwohl das Thema aufgenommen und beantwortet worden ist.

Es ist nicht eindeutig zu sagen, ob der Zeichner eine Sachlösung oder eine Bildlösung anstrebt. Vermutlich ist letzteres der Fall, denn bei seiner recht guten Zeichenbegabung könnte er genauere ›sachliche‹ Angaben über Sterne und Wellen machen. Es kommt daher wohl unfreiwillig zu einer Disharmonie der Bilddarstellung, die dem unausgeglichenen seelischen Zustand des jungen Mannes entspricht. Die Betonung in der Darstellung liegt bei den Sternen, obwohl das Wasser die Hälfte des Raumes einnimmt und die Sterne nur einen Teil des Himmels bedecken. Zugleich aber wirkt das Übergewicht der Sterne nicht erhellend, sondern in der Forciertheit, mit der sie gezeichnet sind, eher erdrückend wie fallende Steine. Eine Lichtquelle rechts oben im Bild, vermutlich der Mond, wirkt nicht weniger massiv und bedrohlich.

Der Zeichner bewältigt sehr wohl Pendelstrich und Einzelstrich, die klar voneinander abgesetzt sind und überdies keinerlei Unsicherheit verraten. Eindrucksvoll ist der tonige Strichcharakter der Wellen — zum Teil tonig-schwammig —, der so gut zu dem Durcheinander der Wasserlinien paßt. Darin kommt die hohe Ansprechbarkeit, aber auch die Irritierbarkeit des Jungen zum Ausdruck. Im krassen Gegensatz hierzu sind die Sterne prononciert gezeichnet, durch geregelte Anordnung, durch Vereinzelung von Gruppen, durch fixierende Schwärzung. Hier scheint sich ein Konflikt anzudeuten, der die mangelnde Orientierung des Zeichners betrifft, bei ausgeprägtem Bedürfnis nach einem Ordnungsprinzip und Verhaltensmustern.

Die Symbolik der Ausführung ist kaum zu übersehen.

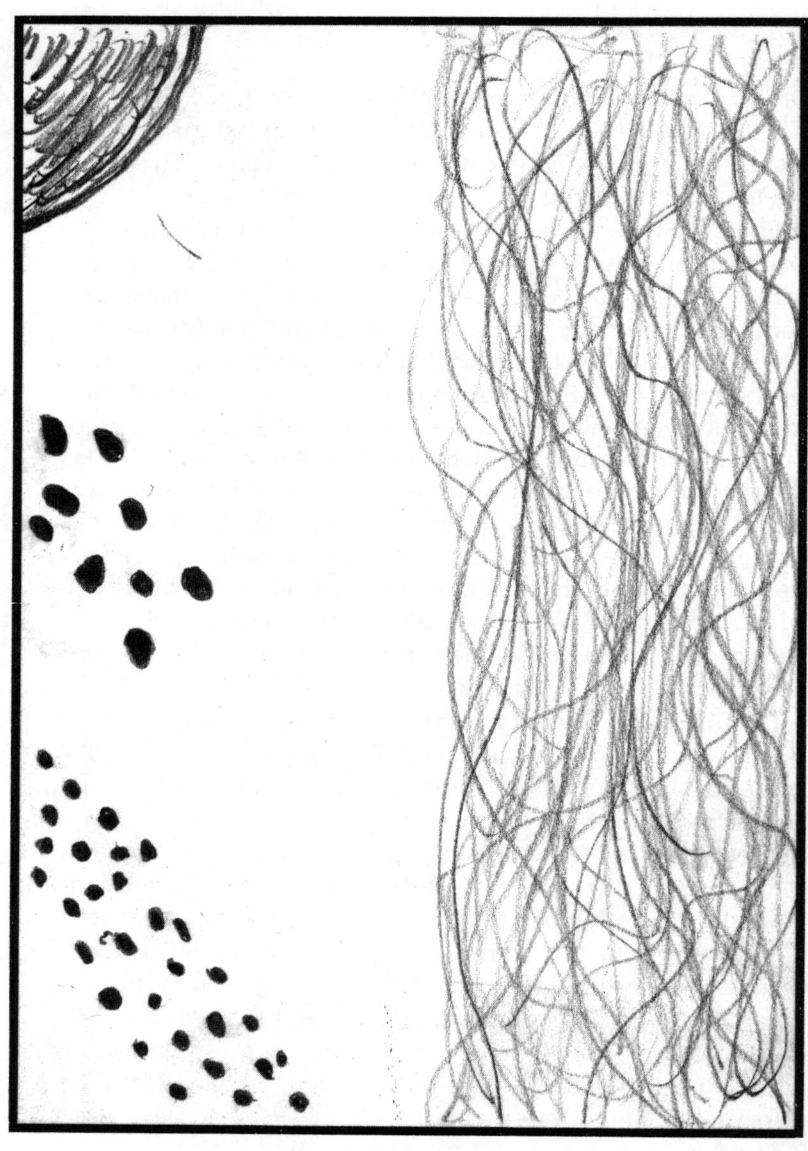

Abb. 90 ♂ 16;7

Sohn zerstrittener Eltern, die ihr Kind seit Jahren gegeneinander ausspielen und in ihre Feindseligkeiten einweihen und einbeziehen. Durch Appelle an seine Sohnespflichten wird er von jedem der Partner dem anderen »abgeworben«.

Abb. 91

♀ 17;1

XV

Der gut und gekonnt ausgefüllte Test läßt eher einen nächtlichen Himmel über einer Berglandschaft als über Wellen vermuten. Die Diskrepanz zwischen Himmel und Wasser ist augenscheinlich.

Die Zeichnerin bietet eine eindeutige Stimmungslösung — dies im Widerspruch zu ihrem Verhalten in Familie und Umwelt, wo sie knallharte Rationalität und betonte Gefühlskälte demonstriert. Bedenkt man diesen Widerspruch, so fällt das Ebenmaß der Zeichnung auf, das doch auf seelisches Gleichgewicht schließen lassen sollte. Freilich ist dies nur eingeschränkt gegeben, wenn man die Dominanz des Himmels bedenkt, die nicht nur in der räumlichen Aufteilung des Tests zum Ausdruck kommt, sondern auch in der Art der Ausführung.

Auch die Stricharten unterstreichen die Dominanz des Himmels und damit des Geistigen, zugleich durch die Art der Ausführung des Wassers eine Unterbetonung des Emotionalen. Einzelstrich und Pendelstrich sind gut bewältigt und ungestört, nur ist die Strichführung in der Zeichnung des Himmels sicher, in der Darstellung des Wassers unsicher und tastend. Die Sterne sind scharf konturiert, zum Teil scharf-hart, was der kompensatorischen Intellektualität des Mädchens entspricht. Die Himmelsfläche ist dagegen mit sattem tonigem Strich gedunkelt. Nehmen wir das als Ausdruck und zugleich symbolisch, so erhalten wir einen Hinweis auf eine merkwürdige Eigenart der 16jährigen: Der Strich verweist auf eine intensive, fast deftige sensuelle Ansprechbarkeit, die sich aber nicht im Bereich des Wassers als Ausdruck der Natur der Zeichnerin äußert, sondern im Bereich des Geistigen, des Intellektes. Tatsächlich gibt sich die eher frigide, »höhere Tochter« verbal den Anschein einer geradezu verruchten Sexualität. Für diesen leitbildlichen Anspruch opfert das Mädchen seine Instinktsicherheit. Der Test ist ausdruckshaltig und symbolisch zugleich.

Eine begabte Tochter intellektueller, kühler Eltern, sie hat ihr hohes Zärtlichkeitsbedürfnis vermutlich nie erfüllt gesehen. Die unkompliziertere Schwester wird bevorzugt oder doch wenigstens von dem brennend eifersüchtigen Mädchen als bevorzugt angesehen. Der Protest gegen die Eltern treibt sie in eine Rolle, die sie nicht ohne Selbstverleugnung spielen kann. Das starke Mädchen dürfte diese Phase ihrer Entwicklung jedoch recht gut überwinden; im Gespräch erwies sie sich, nach anfänglicher demonstrierter Besserwisserei, als ansprechbar.

XVI

Das Bild, das den Testrahmen ausfüllt, wirkt kurzwellig, irritiert, trotz der Mittenbetonung dezentriert. Nicht anders verhält sich der Zeichner im Leben.

Man kann annehmen, daß von dem 17jährigen eine Stimmungslösung angestrebt wurde. Als ›Bild‹ hätte der recht gute Zeichner den Test ansehnlicher ausgefüllt. Trotz der Unruhe, die durch die Art der Ausführung bedingt ist, kann man nicht von Ungleichmaß sprechen, freilich auch nicht von Ebenmaß. Im Ganzen ist zwar ein Gleichmaß der Ausführung, aber auch eine gewisse Monotonie zu erkennen. Himmel und Wasser sind in den Proportionen ausgewogen, wenn auch der freie Raum der Mitte weniger als Gliederung erscheint, mehr als Leere, zumal er mehr als ein Drittel der Fläche einnimmt.

So unruhig das Bild als Ganzes wirkt, so wenig unsicher ist die Strichführung bei näherer Betrachtung. Freilich ist der Einzelstrich sehr karg ausgeführt, es gibt durchweg unkonturierte Punktsterne. Die Wellen lassen nur Ansätze eines Pendelstriches erkennen. Nirgends gibt es einen Wellenverlauf. Der Zeichenstrich bei den Sternen ist vorwiegend scharf. Der Mittenstern, Symbol für das Selbsterleben und somit Selbstgefühl des Zeichners, ist fixierend geschwärzt und läßt uns an einen Konflikt im Selbstverständnis des 17jährigen denken. Die Wellen sind tonig, nur zum Teil scharf gezeichnet. Damit deutet sich die hohe sensuelle Ansprechbarkeit des jungen Mannes an.

Als besonders auffälliges Symbol kann der Mittenstern angesehen werden, zumal auch die Art des Umfeldes sinnträchtig ist.

Der Schüler hat ein extrem unausgewogenes Selbstgefühl, das zwischen Selbstüberschätzung und unrealistischen Beliebtheitsvorstellungen (die ›Korona‹ um den Stern!) einerseits, Minderwertigkeits- und Frustrationserlebnissen andererseits schwankt. Die Unsicherheit wirkt sich auch in seinem Verhalten und in seinen Leistungen aus.

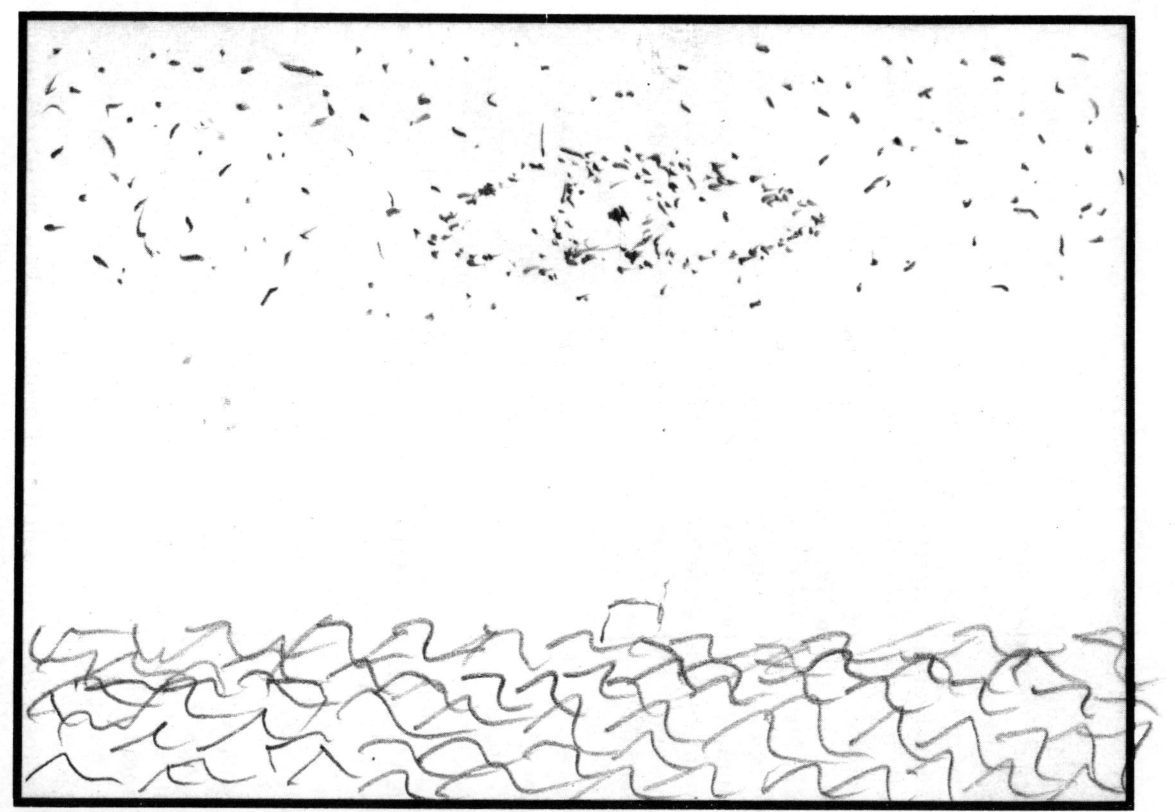

Abb. 92

♂ 17;3

Sohn aus geschiedener Ehe, der bei der von ihm bewunderten Mutter und in der Verachtung des Vaters aufwächst. Die Erziehung ist in immer wieder wechselnder Umwelt erfolgt. Bei der Mutter fanden sich in angemessenen Zeitabständen neue ›Ersatzväter‹, an denen er immer zärtlich hing, von denen er sich dann zu seinem Kummer jeweils lösen mußte, sobald die Mutter sich trennte.

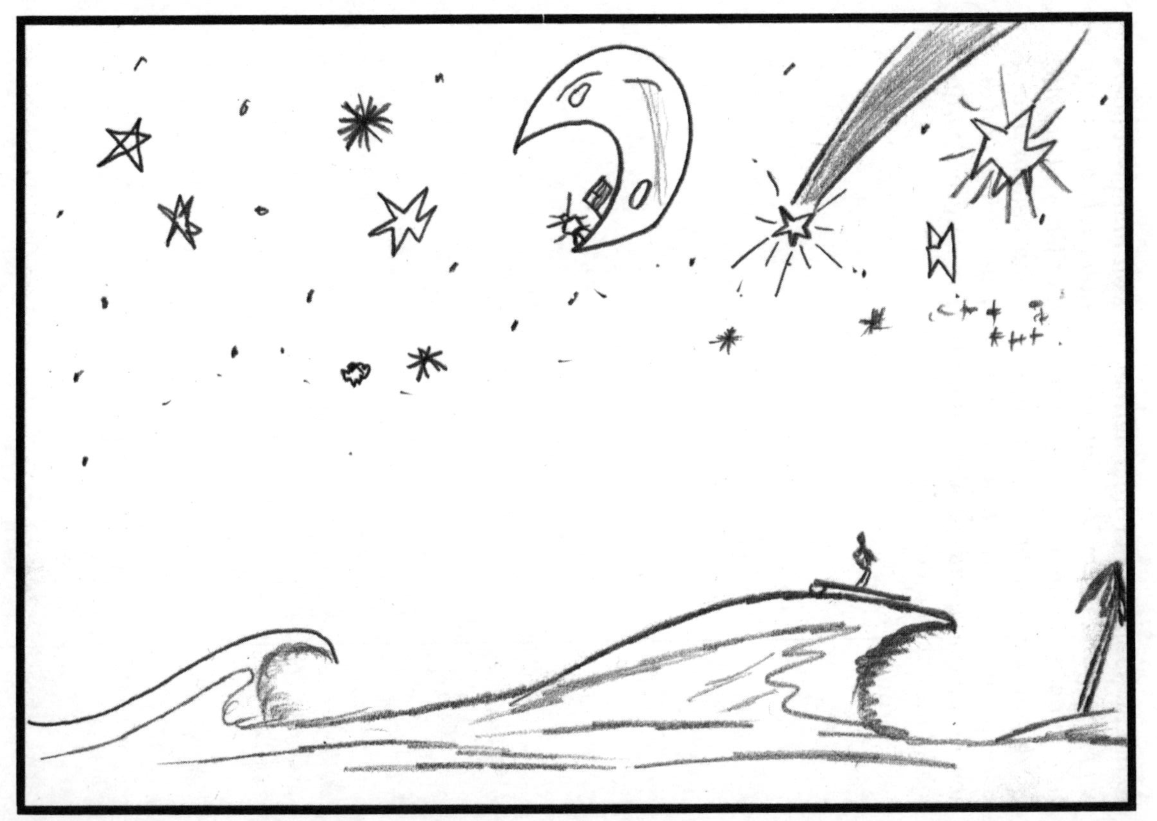

Abb. 93

♂ 17;10

XVII

Es legt sich nahe, daß der Zeichner die Ausführung des Tests witzig gemeint hat. Dennoch ist die Testantwort ausdruckshaltig und sogar symbolträchtig.

Man kann zweifeln, ob es sich hier um eine Bildlösung oder um eine Sinnlösung handelt. Sicher ist eine bildhafte Ausführung des vorgegebenen Testrahmens intendiert worden. Das Bild wirkt lebendig, dynamisch. Betrachten wir es länger, so überrascht uns, daß es dabei nicht ruhelos ist. Die Spannung der Ausführung wird gebändigt, sie irritiert den Betrachter nicht, sie konzentriert. So kann man auch nicht von Disharmonie der Raumaufgliederung sprechen. Hier liegt ein schönes Beispiel dafür vor, daß Ebenmaß nicht gleichmäßig sein muß. Die Raumbehandlung ist ebenmäßig. Fast sind auch die Proportionen von Sternenhimmel und Meereswellen gut eingehalten. Im Mittenraum bleibt ein Bereich frei, der jedoch nicht monoton wirkt, im Gegenteil, die aufschäumenden Wellen kommen umsomehr zur Geltung. Eine leichte Betonung im rechten Bildraum regt an zu erfragen, ob der Zeichner eine extroverse Phase oder gar Natur hat. Zum mindesten ersteres muß der Fall sein.

Die Strichführung ist gut bewältigt, sicher und ausgeprägt besonders im Einzelstrich. Der an sich lockere Pendelstrich wirkt durch die Betonung der Wellenberge etwas forciert. Der Strich ist bei den Sternen scharf, zum Teil scharf-hart, dies besonders bei den Konturen des Mondes. Die Wellen sind tonig gezeichnet, der hohe Wellenkamm bringt durch fest-deftigen Strich eine lebensnahe Note in die intellektuell wirkende Zeichnung. Es legt sich nahe, daß eine gut geschulte Ratio des Zeichners seine ansprechbare, aber weniger sensible als sensuell-anregbare Natur mehr überbaut als integriert.

Der distanziert und spöttisch ausgeführte Test bietet eine Reihe von Symbolen an. Die Sterne sind ausgeprägt und vielseitig; zusätzlich gibt es einen Mond, der sogar durch seine Mittenstellung im Bild betont wird. Hier drückt sich ein reger und offener Intellekt aus. Kaum beabsichtigt, aber doch aufschlußreich ist das Zusammentreffen so vieler Sternformen. Besonders originell ist die Art, wie in die Wellen das Symbol des waghalsigen und unbedachten Abenteuers eingezeichnet ist — eine vorsätzliche Selbstdarstellung des Zeichners hätte nicht treffender ausfallen können. Der ›Wellengleiter‹ sieht Land (und sogar schon einen Baum), er übersieht aber die Gefahr, die ihm droht. Ein zusätzliches Moment des Abenteuerlichen sind Mondfähre und Fahne auf dem Fuße der Mondsichel.

Der Oberschüler ist in den USA aufgewachsen und hat dort die Schule besucht. Die großzügig, wenn auch etwas äußerlich lebenden Eltern geben dem Sohn viel Freiraum für seine Entwicklung, wodurch allerdings auch eine lange Phase der Desorientierung und des Experimentierens bedingt ist.

XVIII

Der zart ausgeführte Test wirkt mädchenhaft, statisch, scheu. Er stammt jedoch von einem 18jährigen Gymnasiasten, dem die harte Auseinandersetzung mit rauheren Klassenkameraden abverlangt wird.

Die Testantwort kann man als Bildlösung ansehen, obwohl den Betrachter die Stimmung des Bildes unmittelbar ansprechen wird. Die Zeichnung ist in der Raumaufgliederung ebenmäßig, in den Proportionen von Himmel und Wasser, von linker und rechter Bildseite gleichgewichtig.

Der Mittenbereich ist durch zarte Punkte ausgefüllt, die Sterne und Wellen ineinanderziehen. Gefühle und Verstand des jungen Mannes werden weniger integriert als sie ihm ungeklärt bleiben. Beachtlich ist die behutsame, zum Teil ängstliche Strichführung. Einzelstrich und Pendelstrich sind sowohl ausgeführt als auch bewältigt. Der Unterschied von sicheren Einzelstrichen und unsicheren, tastenden Pendelstrich-Andeutungen ist jedoch auffällig. Hinzu kommt, daß die Sterne in scharfem Strichcharakter gezeichnet sind, die Wellen dagegen in zartem, fast zart-fragilem.

In der Gesamtgestaltung des Tests ist der Mittelstern zu beachten, der auf eine Selbstgefühlsthematik hinweist. Er steht mit bescheidener Sicherheit in der Mitte des Himmels, umgeben von klar gezeichneten Sternen, größer und auch durch die Strichart betonetonter als sie. Die schwachen, nur angedeuteten Wellen bilden einen Kontrast hierzu, sie lassen eine Schwäche der Natur des Zeichners oder auch eine Instinktgebrochenheit vermuten.

Der 18jährige ist ein guter Schüler, der jedoch in seiner Persönlichkeitsentwicklung noch kindliche Züge zeigt. Dem liegt weniger eine Retardierung zugrunde als eine unabgelöste Bindung an die Mutter, die ödipale Züge trägt. Die zarte Seelenbindung ist wechselseitig.

Abb. 94

♂ 18;—

Abb. 95

♀ 18;2

XIX

Der atmosphärisch anmutende Test fällt aus dem Rahmen der üblichen Lösungen, was durch die sensible und durch Leiden überempfindsame Selbstbesinnung der jungen Zeichnerin verständlich wird.

Die Testantwort ist in einer Stimmungslösung gegeben, die kein ›schönes‹ Bild anstrebt, sondern ganz persönlicher Ausdruck ist. Der Raum ist ebenmäßig gegliedert, die Proportionen von Himmel und Wasser sind ausgewogen und durch die Strahlen der Sterne entsteht ein ganzheitlicher Eindruck des Testbildes. Sowohl Wasser als auch Sterne sind betont, wenn auch in sehr unterschiedlicher Weise; das Wasser dominiert durch die dichtere Darstellung, die Sterne haben ihre eigentliche Bedeutung durch die Strahlungen, die von ihnen ausgehen und den Charakter des Bildes bestimmen. Die Darstellung der Wellen verrät eine starke, sensuell ansprechbare Natur. Die von den betonten Sternpunkten ausgehende Strahlung ist auf sie gerichtet und durchdringt sie bis auf den Grund. Der Pendelstrich der Wellenzeichnung schwingt, wirkt aber nicht dynamisch, sondern bringt den Eindruck der Zähflüssigkeit hervor. Der Einzelstrich der Sterngestaltung (und des Mondes) ist bewußt und gezielt, die Punktsterne wirken jedoch verschwommen. Der tonige Strichcharakter der Wellen verrät die hohe sensuelle Ansprechbarkeit des jungen Mädchens, die zart-fragilen Strahlen lassen eine gefühlsmäßige Hypersensibilität und Verletzlichkeit vermuten.

Das Mädchen ist durch ein Trauma belastet, das auf ein Erlebnis im Alter von 4 Jahren zurückgeht. Es wirkt sich in einer physiologischen Insuffizienz aus, welche die von ihrer Natur begehrten sozialen Kontakte erschwert und belastet.

XX

Der Test wirkt etwas kindlich, zumal in den Proportionen. Dagegen ist keine Störung zu erkennen.

Wir können in dieser Zeichnung eine Sachlösung sehen: der Bildgehalt tritt gegenüber der ›Mitteilung‹ zurück. Das kühle, rational kalkulierende Mädchen investiert seine Gefühle nicht. Es befolgt die Aufgabe, nicht mehr.

Trotz der rhythmisch schwingenden Wellen wirkt das Gesamt des Bildes nicht ebenmäßig. Wir können es als gleichmäßig ausgefüllt bezeichnen.

Himmel und Wasser sind unausgewogen gezeichnet, das Wasser ist bei weitem stärker betont. Trotz des breiten Wellenstreifens schließt sich noch ein leer wirkender Raum an. Die Impulse der Zeichnerin sind ungestört und reagieren instinktiv. Eigentlich seelische Beteiligung fehlt, geistige Neigungen oder Engagements treten in den Hintergrund.

Sowohl Pendelstrich als auch Einzelstrich sind auffallend ungestört und gut ausgeführt. Der Strich ist bei den Wellen sanft tonig, bei den Sternen zart. In den Stricharten kommt das Mädchenhafte gut zum Ausdruck, was für die Diagnose besonders wichtig ist.

Die starke Betonung der Wellen läßt eine emotionale Wärme erkennen, die im Verhalten des Mädchens wenig in Erscheinung tritt. Der überdimensionale Mond, mit unsicherem Strich gezeichnet, spricht für eine Kompensation im Bereich des Geistigen; er steht überdies rechts im Bild und ist somit dem Außen zugewandt. Die wenigen, zart gezeichneten Sterne wirken dagegen schüchtern und lassen vermuten, daß die Zeichnerin im Bereich des Geistigen wenig zu Hause ist.

Oberschülerin, Tochter aus materiell anspruchsvollem Hause, die dessen repräsentative Interessen etwas einseitig vertritt. Sie überspielt dabei die zarteren Seiten ihres Wesens.

Abb. 96

♀ 18;5

2. Eine Testkombination

Der Sterne-Wellen-Test kann als Einzeltest in der Exploration verwendet werden, besonders hat er sich aber in der Kombination mit anderen Tests bewährt. Um die Ergiebigkeit einer solchen Kombination zu zeigen, erläutere ich jetzt einen Sterne-Wellen-Test, zusammen mit der Handschrift, dem Wartegg-Zeichentest und dem Baumtest der gleichen Person.

Die Beratung wurde aus folgenden Gründen gesucht: Das 13jährige Mädchen, neu aufgenommen in einer Heimschule, bewährt sich zwar als gute und auch als brave Schülerin, ihre Leistungen bleiben jedoch hinter ihrer offensichtlichen Begabung zurück und sie ist in ihrem Wesen so still und in sich gekehrt, in sozialen Kontakten so befangen, daß die Erzieher sich um ihre Entwicklung sorgen.

Abb. 97a

Sterne-Wellen-Test

Die Ausführung des Tests überrascht durch ihre Kindlichkeit, wenn man das Alter der Zeichnerin bedenkt. Diskrepant hierzu ist der Felsen links im Bild, der meist erst in oder nach der Pubertät auftaucht, hier also altersentsprechend oder gar früh vorkommt.

Das Mädchen ›fabuliert‹ offenbar beim Zeichnen, der Test ist mit einer Bildlösung beantwortet. Dabei kommt es zu einer Mischung von Ungleichmaß und Regelmaß in der Raumaufteilung; während die Sterne kleinkindgemäß am Himmel aufgereiht werden, wirkt das Bild allein durch den Schwerpunkt des Felsens und die betonten Schaumkronen der Wellen disharmonisch. Auch die Proportionen werden durch den Felsen gestört, der eine dominierende Stelle im Test einnimmt.

Die Strichführung gibt nähere Aufschlüsse. Der Einzelstrich der Stern- und Mondzeichnung wird zwar bewältigt, ein Pendelstrich erscheint jedoch nirgends. Auch die Wellen werden, trotz der intendierten Bewegtheit des Wassers, im kontrollierten Einzelstrich konstruiert. Überdies ist die Strichführung hier unsicher; zum Teil ist sie es auch in der Sterngestaltung. Der Strichcharakter schwankt durchweg zwischen tonig-schwammig und scharf-hart. Die getönte Wasserfläche wirkt schwach und schmierig. Die Unsicherheit in der Rezeptivität des Mädchens ist augenscheinlich und ergänzt den Eindruck der Kindlichkeit der Testlösung. Bei dieser Kombination kann man an eine Regression denken, denn eine Retardierung pflegt sich schlichter auszudrücken. Sowohl die Schaumkronen als auch die Sternkonturen sind mit dem kompensatorischen scharf-harten Strich gezeichnet, der auch auf eine überlagerte Unsicherheit schließen läßt. Der Umriß des Mondes, drei kleine Schifflein und die Abgrenzung des Felsens sind fixierend geschwärzt. Sie weisen auf einen Konflikt hin, und wenn sie symbolischen Charakter haben, deuten sie sogar dessen Thematik an.

Für die symbolische Auswertung geben die Sterne und Wellen die ersten Aufschlüsse. Die kindlich aufgereihten Sterne lassen fürwahr nicht die altersangemessene Geistigkeit oder doch wenigstens Ratio erkennen. Die begleitende Handschrift gibt dagegen eine gute und geschulte Intelligenz wieder, die eher auf ein schon etwas älteres Mädchen schließen läßt. Ist die Darstellung der Sterne also wirklich Ausdruck einer Regression? Überraschend ist der forcierende, geschwärzte Umriß des Mondes, der eigentlichen Lichtquelle, die überdies einen dominierenden Platz in der oberen Mitte des Bildes einnimmt. Hier ist ein nicht bewältigtes Verstehenwollen anzunehmen; dem Thema dieses Konfliktes kommen wir durch die übrigen Symbole näher. Die Wellen fließen nicht ab, und doch tobt offenbar ein Sturm: es ist gefährlicher Seegang, man sieht es an den Schaumkronen und an dem Schicksal der Schifflein. Wie selten ist es im SWT, daß Wellen nach links schäumen! Wenn es hier der Fall ist, so wird auch dies symbolisch sein. Auch der Felsen steht ja ausnahmsweise links im Bild, an den die Brandung schlägt. Nicht die Zukunft oder die ›Umwelt‹ ist hier das

Konfliktträchtige, nicht extrovers liegt das Problem, sondern im Erleben selber, nicht artikulierbar, zurückgedrängt aus dem Bewußtsein und doch aufwühlend, blockierend. Der Felsen ist hoch und steil, er ist nur drohender Widerstand, keine Andeutung eines Ufers. Jedes Schiff muß daran zerschellen. Die Härte und Steilheit wird durch den scharfharten Strich betont. Die Fläche ist affektiv gedunkelt. Welche seelische Last muß auf dem Kind liegen. Schließlich befinden sich drei Schifflein auf dem Bild. Kinder vor der Pubertät zeichnen häufiger Schiffe. Diese aber stammen von einer 13jährigen, und sie haben ein merkwürdiges Schicksal: eines ist gefährdet durch eine Welle, die es zu überspülen droht, ein zweites wird gleich vom höchsten Wellenkamm mitten im Bild in die See geschleudert, und das dritte, das die zwei anderen hinter sich lassen, ist bereits abgesunken — gerade eben, noch steigen Luftblasen auf.

Es könnte gewagt erscheinen, die Zeichnung symbolisch zu deuten. Aber gerade in der Pubertät mit ihrer aufgelokkerten seelischen Struktur und der hypersensiblen Empfindsamkeit dieser Phase finden sich so überraschende Symbolträume und Symbolzeichnungen, daß man den Test jedenfalls als Hinweis für weitere Fragen nehmen sollte. Der stürmische Seegang läßt an turbulente seelische Erlebnisse denken, die nicht abfließen, sondern eher eine Starre im Kind bewirken. Es bewältigt sie verstandesmäßig nicht, wie die kindlichen Sterne nahelegen, und es hat doch das drängende Bedürfnis nach Verstehen und Begreifen, das zeigt der fixierend geschwärzte Mond an. Aber die Wogen drängen gegen einen Felsen, eine Blockierung, und diese massiv gezeichnete Wand bedeutet zwei kleinen Schifflein Gefahr und vielleicht Untergang. Das dritte Schiff ist bereits abgesunken.

Der vorliegende Sterne-Wellen-Test ist ungewöhnlich ausdrucksvoll und symbolträchtig. Er läßt auf ein verängstigtes Mädchen schließen, das durch Erlebnisse aufgewühlt wird, die es nicht verarbeiten kann. Die vermutliche Regression könnte die Folge davon sein als eine Schutzhaltung der

Seele. Die Aussagen des SWT verlangen nach Bestätigung und Ergänzung.

Offene Fragen für die Beratung sind, ob das Mädchen psychisch stark genug ist, um die seelische Belastung zu verkraften; ob sie intelligent genug ist, um den Konflikt zu verstehen; ob die kleine Persönlichkeit reif genug ist; um verstandene Konflikte schon zu verarbeiten. Hierauf könnte am ehesten die Handschrift antworten.

Weiter ist nach den Erlebnisinhalten des Mädchens zu fragen, wenn die Vermutung der Regression zutrifft. Denn beim Erleben müssen wir ansetzen, wenn das Kind Konflikte aufarbeiten soll. Es ist auch wichtig, des Mädchens Rezeptivität zu überprüfen, um ihre Empfänglichkeit im Gespräch abschätzen zu können. Man sollte ihre Gefühlsansprechbarkeit kennen, etwas über ihr Selbstgefühl wissen. Es wäre wichtig, ihre Leistungsbereitschaft zu untersuchen, ebenso in welchem Schweregrad sie ihr Problem erlebt. Hinweise dazu kann besonders der Wartegg-Zeichen-Test geben.

Schließlich stellt sich die Frage nach dem Selbsterleben dieser Persönlichkeit. Hier wird das Ergebnis des Baum-Tests aufschlußreich sein. Er kann auch die Forderung einer ergänzenden Überprüfung ihrer Persönlichkeitsreife erfüllen, ihrer emotionalen Irritierung, ihrer Umweltbeziehung, die im direkten Kontakt so undurchsichtig bleibt.

Handschrift

Die Schrift als Diagnostikum ist in diesem Falle darum wichtig, weil der Psychologe aus ihr die Persönlichkeitsreife, den Zustand der Pubertät, die Konstitution und vor allem die anlagemäßige Stärke des Mädchens erfahren und in seiner Therapie berücksichtigen kann.

Der Schriftstrich ist unelastisch in übermittlerem Ausprägungsgrad. In diesem Alter ist das zu erwarten, so drücken sich Pubertätsstörungen aus. Sowohl die linksschräge Lage der Schrift als auch die recht ausgeprägte und gleichmäßige Gliederung verraten die bewußte Kontrolle trotz derzeitiger

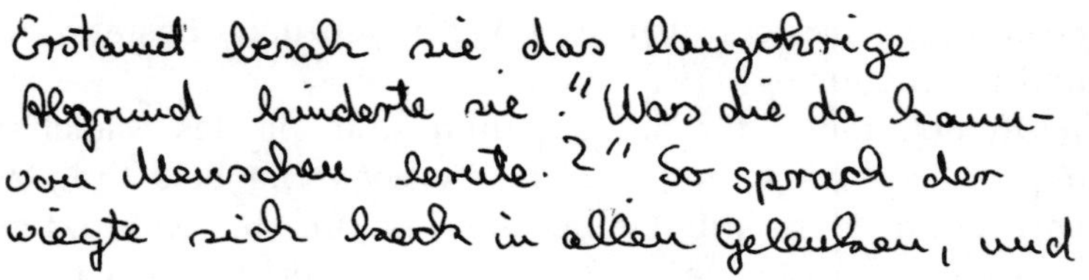

Erstaunt besah sie das langohrige
Abgrund hinderte sie. "Was die da kann-
von Menschen lernte?" So sprach der
wiegte sich keck in allen Gelenken, und

Abb. 97b

psychischer Labilität. Über die psychische Kraft des Mädchens und über die Ichstärke ist nur bedingt ein Urteil abzugeben, weil sich Begabungen in gestörten Schriften nur begrenzt ausdrücken können. Sowohl die Formselbständigkeit als auch die Strichdynamik ist mehr als mittel ausgeprägt, so daß man mit einem erlebnisfähigen und seelisch tragfähigen Menschen rechnen kann, der überdies Erfahrungen selbständig verarbeitet.

Das Mädchen läßt ihrem Verhaltenshabitus nach eine gestörte, von Natur spontane Aktivität vermuten. Die Gefühlsansprechbarkeit dagegen ist durch Reflexion gebrochen. Trotz der Stärke der Emotionen ist keine Unmittelbarkeit des Gefühlsausdruckes zu erkennen. Die Geistigkeit des Mädchens ist reflexiv, sei es von Natur oder durch Erziehung.

Die Interessenrichtung ist in diesem Alter meist begrenzt zu erkennen, oft noch gar nicht. Obwohl die Schrift schon eigene Prägung aufweist, erkennt man noch keine endgültige Strebensrichtung.

Die Schrift läßt keine Tendenz zur ›Rolle‹, zu einem Leitbild erkennen, dem das Mädchen sich anzupassen sucht; sie ist echt und dabei sowohl kultiviert als auch personal geformt, mit ersten Ansätzen von ›Rang‹. Ihre sozialen Beziehungen werden kontrolliert sein und durch gutes Benehmen bestimmt, was sich durch das zum Regelmaß tendierende Gleichmaß ausdrückt. Sie sind nicht unbefangen, vielleicht auch zur Zeit wieder bewußter gesteuert. Hier sehen wir nur das Verhalten als solches, nicht dessen Ursache, die wir aus den Zeichentests genauer erfahren. Die dort angedeutete Regression drückt sich nicht in der Handschrift aus, dagegen könnte das durchscheinende Regelmaß auf die im Zeichentest erscheinende Tendenz zur Kompensation zurückzuführen sein.

Auffällig ist, daß diese Handschrift gut von einer 14- bis 15jährigen stammen könnte, während die Zeichentests durchweg auffallend kindliche Züge tragen. Auch dies legt die Vermutung einer Regression nahe, die sich in der Schrift selten auszudrücken pflegt.

Wartegg-Zeichentest

Abb. 97c:
1 Katze; 2 Weinendes Baby (Junge); 3 Treppenhaus; 4 Landstraße — Tunnel; 5 Schachspiel; 6 Clown; 7 Baby; 8 Trageesel

Der kindlich ausgeführte Wartegg-Zeichen-Test entspricht den naiven Ausdrucksbildern des Sterne-Wellen-Tests und, wie wir sehen werden, auch der Baumzeichnung. Wie dort, erkennt man bald, daß diese Kindlichkeit der Darstellung nicht aus einer wirklich kindlichen Konzeption stammt. Auch hier legt sich der Ausdruck einer Regression nahe.

Die in den acht Feldern vorgegebenen Zeichen sind durchweg beachtet worden. Felder 1, 2, 7 und 8 sind vorwiegend durch runde Formungen ausgefüllt, dagegen 3, 4, 5 und 6 durch gerade oder eckige. Hierin zeigt sich die Ansprechbarkeit und Offenheit für Eindruckscharaktere. Bezeichnend für das Kindgemäße der Ausführung sind die vielen Sachlösungen — sieben in den acht Feldern, gegenüber nur einer Bildlösung in Feld 8. Die Beteiligung oder gar Dominanz des Gefühls kommt jedoch im Überwiegen der physiognomischen Bilder zum Ausdruck, es sind fünf in den acht Feldern.

Die Eigenqualität der Anmutungszeichen regt das Mädchen vor allem zu Gesichtern an, wozu als Grenzfall auch der Esel in Feld 8 gerechnet werden kann, der dem Betrachter ins Auge schaut. Hierin drückt sich schon recht deutlich ein Erleben des Angesprochenseins aus, des rezeptiven Bedrängtseins, das auch die vermutete Regression der Zeichnerin erklären könnte. Die Art des Selbsterlebens ist aus den Feldern 1 und 8 zu ersehen. Das Zeichen des Ich wird zur Katze. Im Zeichen der Geborgenheit (8) dagegen findet sich ein sichtlich überlasteter Tragesel. Das Gefühl der Zeichnerin wurde durch die Zeichen 2 und 7 angesprochen. Das Anmutungszeichen des Leichten, Schwebenden regt sie zu der Zeichnung eines weinenden Babys an, das zusätzlich als Junge bezeichnet wird. Eine traurige Antwort auf dieses heitere Zeichen! Im Feld der Sensibilität (7) dagegen — wieder erscheint ein Baby — ist der Ausdruck heiter und positiv, ausgedrückt nicht nur durch die Strichführung des Mundes sondern auch in der Armhaltung. (Tatsächlich erwies sich das Mädchen als sensuell besonders ansprechbar, fast als künstlerisch-rezeptiv, was für die Therapie bedeutungsvoll wurde.) Daß die beiden Felder der Strebensthematik (3 und 5) Widersprüchliches ausdrücken, ist in der Situation des Kindes nicht verwunderlich. Wie sie jedoch reagiert, ist wiederum für die Einsicht in ihre Schulprobleme wichtig. Das Zeichen der Spannung (5) wird nicht aufgenommen, die nach rechts oben drängende Bewegung der beiden Striche ignoriert die Zeichnerin. Das Feld wird von einzelnen Elementen bedeckt, die sie mit Schachspiel bezeichnet — eine tiefgründige Aussage, wenn man sie symbolisch nimmt. Hier im Bild sind nicht nur die Figuren, sondern sogar die Felder durcheinander geraten. Die Thematik der Steigerung in Feld 3 wird aber positiv beantwortet; das

Mädchen strebt und bemüht sich zielbewußt um einen Weg. Die ›Treppe‹ nimmt den ansteigenden Charakter der Linien auf. Daß ein stützendes Geländer als Kompensation nötig ist, versteht sich durch die übrigen Testantworten. Ergreifend sind die Lösungen der Felder 4 und 6. Schwere oder Problematik (4) wird sensibel und eindeutig erlebt. Die Straße, der Weg des Mädchens führt in das unbekannte Dunkel eines Tunnels. Die Ganzheit und Geschlossenheit (6) ist derart in Frage gestellt, daß sie das Thema nur ironisch beantworten kann. Sicher ist nicht zufällig auch dieser Clown ein Kinderspielzeug.

Die Klarheit der Strichführung überrascht in diesem Test. Die Figuren sind überwiegend gut konturiert, wenn auch einige tonige Strichcharaktere die Unsicherheit und sensuelle Beeinflußbarkeit des Mädchens andeuten. Der scharfe Strich überwiegt, erscheint allerdings eher als scharf-hart und betont hiermit das Kompensatorische ihres Willenseinsatzes.

Der Wartegg-Zeichen-Test ist darum eine so gute Ergänzung, weil er Einblick auch in die Inhalte des Erlebens gibt. Angesichts des gestörten Verhaltens sind die Themen von Selbstverständnis, Gefühlshaltung, Leistungsdisposition und existentieller Problematik besonders wichtig, auf die in der Exploration oder Therapie näher eingegangen werden kann. Der Test läßt aber auch die Hoffnung zu, daß die 13jährige trotz der Schutzhaltung einer Regression (oder gerade durch sie) aufgeschlossen und ansprechbar bleibt.

Baum-Test

Die Baum-Zeichnung steht in ihrer diffusen Ausführung in merkwürdigem Gegensatz zu den klaren Ausdrucksbildern der beiden anderen Zeichentests und der Handschrift.

Was zuerst auffällt, ist die noch erkennbare kindliche Kugelform der Krone, dabei oben abgeflacht, wie es erst nach der Pubertät zu erscheinen pflegt. Weiter ist noch der Lötansatz angedeutet, der meist schon in der Vorpubertät verschwindet. Die kindlichen Attribute der Zeichnung, wie bei einem geschmückten Weihnachtsbaum, ergänzen den Ein-

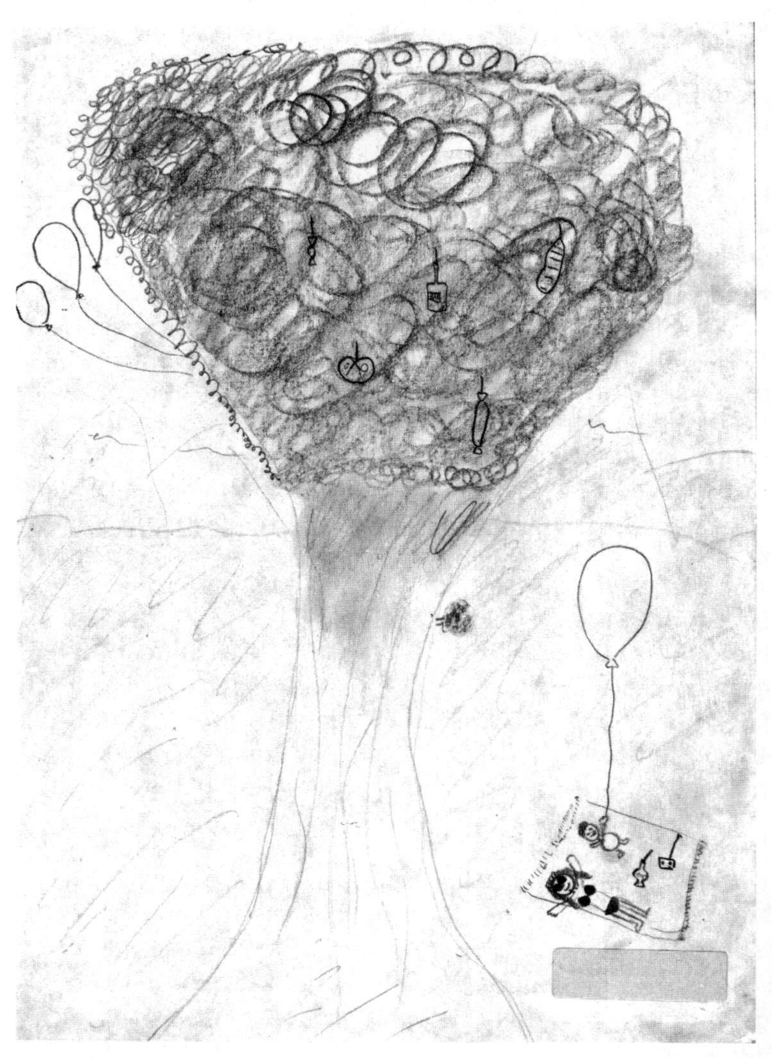

Abb. 97d

druck der Kindlichkeit des Baumes. Es fragt sich auch hier, ob wir es mit einer Retardierung oder einer Regression zu tun haben.

Raumsymbolisch gesehen ist die Zeichnung der Ausdruck eines starken Menschen. Der Baum füllt das ganze Blatt aus, er setzt zwar noch am unteren Rand an, drängt aber an den oberen. Der obere Teil des Zeichenblattes ist eindeutig überbetont. Der Baum löst sich nicht vom unteren Rand, wie sonst schon häufig in diesem Alter. Er steht mit breitem Fuß auf dem Boden. Er drängt nach oben, er entfaltet sich aber nicht.

Entscheidend für die diagnostische Auswertung ist hier die Gestalt des Baumes. Der Stamm ist stark und tragfähig in der Form, wenn auch verschwommen in der Ausführung. Die Krone, die den emotionalen Bereich repräsentiert, ist dicht und recht gut proportioniert, wirkt jedoch künstlich auf den Stamm aufgesetzt und wächst auch nicht organisch in den oberen Raum, sie entfaltet sich nicht. Bei erzwungener Formung ist sie in der Andeutung von Laub und Astwerk diffus, verschwommen. Bemerkenswert ist der Kronenrand, der in Lockenmanier den Umriß bildet, und zwar auch zum Stamm hin. Die tradierte Deutung dafür ist formale Liebenswürdigkeit in der Haltung zur Umwelt. Das Mädchen schließt sich in seinem emotionalen Bereich durch gute Formen von der Umwelt ab. Daß durch die Lockenlinie die Krone gegen den Stamm hin abgeschlossen ist, läßt an eine Abkapselung ihres Erlebens denken. Das Spielzeug am Baum läßt deutlich das Kindseinwollen des Mädchens erkennen. Weit bedeutsamer ist die ungewöhnliche Ergänzung neben dem Baum in Gestalt einer Mutter-Kind-Situation. Beide liegen auf einer Decke auf dem Rasen, das Radio mit Antenne ist zu erkennen, ebenso wie eine Flasche mit Strohhalm. Erholung, Entspannung wird angedeutet. Aber wie sind Mutter und Kind dargestellt! Das Kind liegt babyhaft ausgestreckt, mit einem riesigen Luftballon in der Hand (Luftballons sind ja auch am linken Rand der Baumkrone), die Mutter mit den Attributen von Sex und Koketterie. Daß diese fixierend geschwärzt sind, gibt einen Hinweis darauf, daß der Konflikt des Mädchens mit der Persönlichkeit der Mutter zusammenhängen dürfte.

Die fixierende Schwärzung findet sich außerdem nur noch an dem Spielzeug, das in der Baumkrone hängt.

Aus jedem der vier Tests erhalten wir wertvolle Hinweise, die das Verhalten und den Leistungsabfall des Mädchens verständlicher machen, die damit auch einen Anhaltspunkt für die Hilfe bieten, die das Mädchen braucht.

In der Handschrift fällt die Pubertätsstörung und die seelische Verunsicherung auf, die von einer recht ausgeprägten Bemühung um Willenskontrolle überlagert ist. Das in direktem Kontakt befangene Mädchen erweist sich als von Natur kontaktbedürftig; seine Spontaneität ist durch eine Tendenz zur Reflexion gebrochen. Die Begabungsgrundlagen sind gut, sowohl die Intelligenz als auch die psychische Belastbarkeit liegen über dem Durchschnitt. Die kleine Persönlichkeit ist schon geformt und verständig für ihr Alter. Sie zeigt formale Bildung und gute Haltung.

Der Sterne-Wellen-Test zeigt in höherem Maße des Mädchens Unsicherheit als die Handschrift. Es handelt sich zweifellos nicht nur um eine Pubertätsstörung, sondern um einen tief liegenden Konflikt, für dessen Ursache es sogar schon einige Anhaltspunkte gibt. Die Affekte des Mädchens sind aufgewühlt, und sie sind desorientiert trotz wacher Bemühung um rationales Verstehen. Nur der SWT gibt thematisch die Möglichkeit, die innere Aufgewühltheit, die völlige affektive Verstörtheit des still wirkenden Mädchens hervortreten zu lassen. Der weite Spielraum persönlicher Gestaltung, wie ihn sonst nur die freie Zeichnung erlaubt, läßt überdies in eindringlicher Weise das Erlebnis des Gefährdetseins erkennen. Die seelische Unsicherheit drückt sich hier als Existenzangst aus. Offensichtlich liegt eine Regression vor.

Der Wartegg-Zeichen-Test gibt Aufschluß über Erlebnisinhalte, die die Vermutung einer Regression bestätigen. Die

13jährige flüchtet sich in das Kindsein, sie ist aber doch von der Schwere und Unübersichtlichkeit eines Problems bedrängt. Der Leistungsabfall in der Schule wird verständlich, da die Impulse gebrochen sind. Trotz der offensichtlichen Störungen erweist der Test Aufgeschlossenheit und Ansprechbarkeit.

Der Baum-Test ergänzt zunächst das schon gewonnene Bild. Auch er bestätigt die Tendenz zur Regression. Durch eine Nebendarstellung gibt es sogar einen deutlichen Hinweis auf die Ursache des Konfliktes, die im Mutter-Kind-Verhältnis zu liegen scheint. Der Baumdarstellung entnehmen wir nicht nur das diffuse Erleben, sondern jetzt auch die äußere Haltung, durch die es im direkten Kontakt schwer erkennbar ist. Schließlich erscheint uns im Selbstausdruck der Baumbezeichnung ein gestörter, aber im Grunde starker und seelisch tragfähiger Mensch, was der Schriftausdruck bestätigt.

Das Mädchen erlebte im Kleinkindalter die Scheidung der Eltern. Sie wurde danach von der Mutter allein erzogen und hat eine besonders enge Bindung an sie. In späteren Jahren erhielt sie durch eine neue Verbindung der Mutter einen Ziehvater, den sie unter dramatischen Umständen durch den Tod verlor. Hierdurch wurde die kleine Familie von einem Tag auf den anderen gesprengt. Durch die Frage nach der Mitschuld der Mutter trat ein Konflikt in der bisher ungetrübten Kind-Mutter-Beziehung auf, der im Testausdruck noch als bedrückend und unbewältigt erscheint. Die Geborgenheit der Kindheit ist verloren, zugleich aber muß das Mädchen ihr Problem jetzt allein tragen.

Die Schutzhaltung der Regression, die in den Tests zum Ausdruck kommt, ist für die Betreuung und Erziehung des Kindes wichtig zu kennen, weil daran angeknüpft werden muß. Ebenso wichtig ist es, dem erlebten Konflikt auf die Spur zu kommen, um behutsam und in mütterlicher Zuwendung die seelische Not des Mädchens an der Wurzel heilen zu helfen.

Dritter Teil
Anwendungsgebiete des SWT

1. Der SWT als Reifetest

Zu den lohnenden Anwendungsgebieten des Sterne-Wellen-Tests gehört die Überprüfung der Reife zu den entsprechenden Leistungen in bestimmten Gruppen oder Populationen. Wie sich gezeigt hat, wird diese Leistung allgemein etwa ein Jahr vor dem festgesetzten Schuleintritt erfüllt. Einschulungsalter und Anforderungen an das Vorschulkind werden naturgemäß von dem durchschnittlichen Leistungsstand der jeweiligen Gruppe bestimmt. Bei der heute lebhaften Migration ganzer Bevölkerungsgruppen könnte es zu Fehlentscheidungen kommen, wenn man unterschiedliche Reifungszeiten nicht in Rechnung stellt.

Um die Entwicklung der SWT-Zeichnung von der Kritzelei bis zum voll ausgefüllten Test anschaulich zusammenzustellen, folgen Beispiele der drei Hauptstadien dieses Ent-

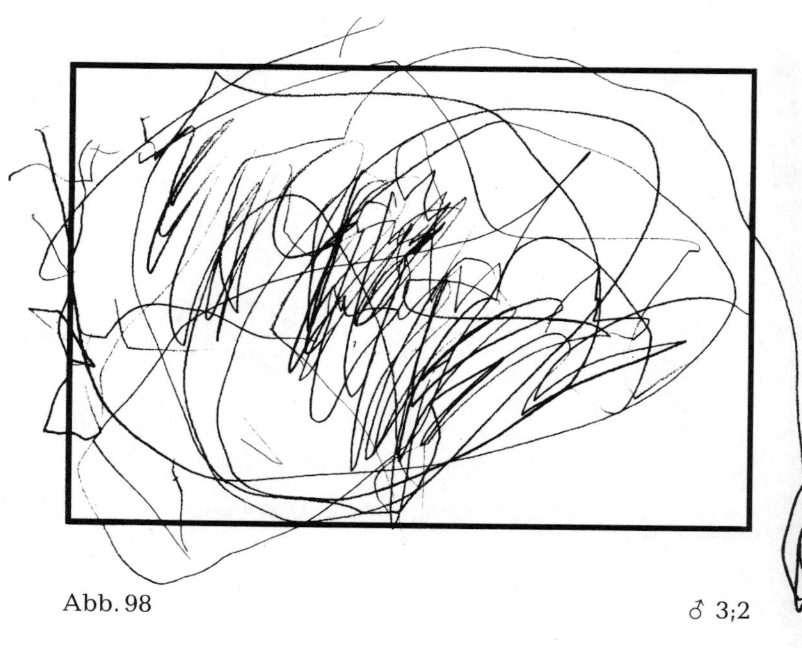

Abb. 98 ♂ 3;2

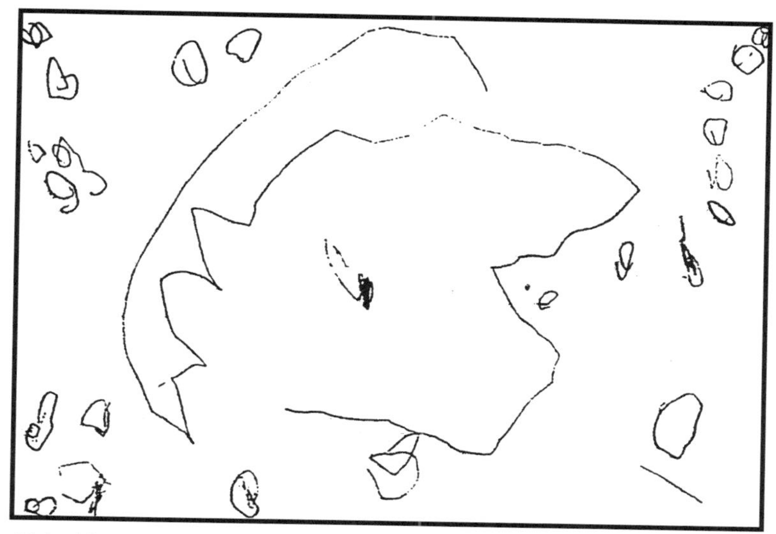

Abb. 99 ♀ 2;7

Abb. 100 ♀ 4;2

wicklungsprozesses. In Abb. 98 haben wir die spontane Kritzelei eines Kindes, das auch den Rahmen noch nicht respektiert. In Abb. 99 sind deutlich erkennbar Sterne und Wellen erfaßt worden und harmonisch in den Rahmen eingefügt, aber die Lösung ist ›verflochten‹, ein in allen Ländern auftauchendes Übergangsstadium bei vielen Kindern vor Schulbeginn. Erst im Test Abb. 100 sind Sterne ›über‹ Wellen gezeichnet.

Da nicht immer so klar erkennbar ist, wann das Kind wirklich ›Sterne‹ verstanden hat und meint und wann auch schon ›Wellen‹, müssen wir ein Kriterium ansetzen, wenn es um statistische Überprüfungen geht. Erst geschlossene, quasi abgerundete Formen sind als Sterne zu werten, erst elastisch schwingende oder pendelnde Strichfolgen als Wellen. Die Einstufer (rater) müssen sich entsprechend einüben.

Das erste Ergebnis einer statistischen Reifeuntersuchung stammt aus Deutschland; die Zahlenergebnisse wurden schon in der Erstauflage angeführt (siehe jetzt unten S. 227 ff.). Inzwischen liegen statistische Ergebnisse aus vier weiteren Ländern vor. Als volles Ergebnis gilt dabei die Anzahl der Lösungen sowohl ›Sterne-über-Wellen‹ als auch ›verflochten‹, denn die Aufgabe ist ja an sich verstanden, und die Verflechtung ist ein psychologisches Moment, das auch gelegentlich bei Erwachsenen vorkommt.

In Abb. 101 wird zunächst die deutsche Kurve, getrennt nach Geschlechtern, dargestellt. Im zweiten Diagramm (Abb. 102) werden die Ergebnisse aller fünf Länder zusammen gezeigt. Dazu bedarf es einiger Kommentare. Einmal erscheinen hier der Übersichtlichkeit wegen die Geschlechter zusammengefaßt, die jeweils getrennt aufgenommen wurden. Zum anderen waren auch nicht immer alle Möglichkeiten gegeben, die Voraussetzungen zu einem vollen Vergleich zu schaffen. Dazu hätte gehört, daß in jeder Gruppe, nach Alter und Geschlecht getrennt, 100 Tests, wenigstens jedoch 50 vorliegen sollten. Das ist in den

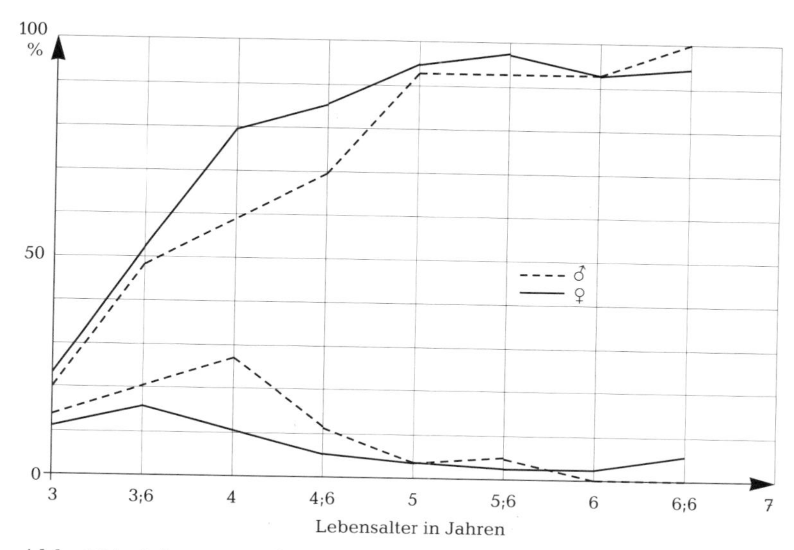

Abb. 101: Lösungen des SWT im Vorschulalter (Deutschland). Obere Kurven: Aufgabe aufgenommen. Untere Kurven: Anteil der ›verflochtenen‹ Lösungen.

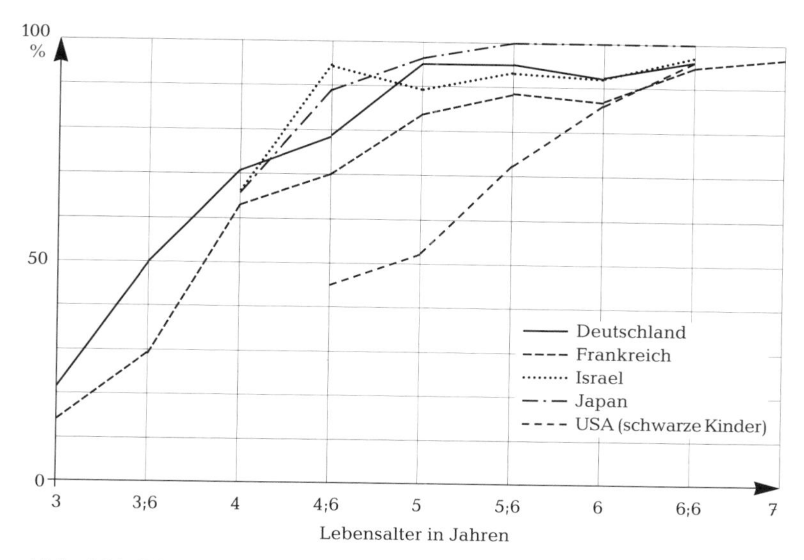

Abb. 102: Lösungen des SWT im Vorschulalter (Ländervergleich). Aufgabe aufgenommen (ohne Geschlechtertrennung).

Randgruppen nicht immer möglich gewesen. Es hängt ja zum Teil auch von äußeren Umständen ab, und wie man sieht, beginnt die französische Kurve durch die Tradition der École Maternelle, die auch schon 2jährige aufnimmt, früher als alle anderen. Weiter müssen Kindergärten üblich sein, die nicht nur für ohnehin geförderte Kinder offen oder erschwinglich sind. Man muß in ihnen eine repräsentative soziale ›Mischung‹ finden können. Ferner ist zu beachten, welche Art von Gemeinwesen vorliegt, aus dem die Kinder stammen. Eine Millionenstadt könnte sich anders auswirken als eine Kleinstadt. In Deutschland zum Beispiel wurden ganz bewußt 10 Kindergärten aus zwei typischen ›Mittelstädten‹ gewählt. In Frankreich hatte man auch Paris einbezogen, und hier auch Fördergruppen, die naturgemäß das Resultat beeinflußten. Trotz alledem ist die Sequenz in allen fünf Kurven fast gleich. Dabei fällt besonders die Leistungssteigerung innerhalb eines bestimmten Jahres auf, ebenso daß offenbar Steigerungsphase mit Beruhigungsphase abwechselt.

Die vorliegenden statistischen Studien sollen als Pilotstudie genommen werden und zu weiterer Forschung anregen. Und wenn auch die Erklärung für die unterschiedlichen Reifealter noch aussteht, so sind doch die Fakten ein erster Anhaltspunkt. Besonders sollte dies ein Anlaß intensiver weiterer Forschung in den USA sein, woher hier die SWTs der schwarzen Kinder vorliegen. Ob für die Altersverschiebung der Kurve ethnische oder soziale Ursachen bestimmend sind, ist vorerst für das Problem irrelevant, daß für diese Kinder in dem für weiße Amerikaner angelegten Schulsystem dadurch schon *vor* der Einschulung eine Chancen*un*gleichheit vorprogrammiert ist. Das ist nicht nur individuell, sondern auch staatspolitisch bedenkenswert und, bei hinreichendem Freimut der Diskussion, eine Herausforderung für die forschungsfreudigen USA. Man bedenke dabei, daß spätere Reife nicht mindere Intelligenz bedeutet, wohl aber schlechter geförderte Intelligenz zur Folge haben kann.

2. Überprüfung der Entwicklung im Kindesalter

Eine neue Aufgabe kann der Sterne-Wellen-Test übernehmen, wenn die Testherausforderung erfüllt wird. Dann kommt zum Tragen, daß der SWT auch Ausdruckstest ist, und zwar sowohl als individuelle Wesensaussage wie auch als Hinweis auf Störungen. Dies sollen einige Beispiele zeigen, die gute Hinweise auf Erziehungsmöglichkeiten enthalten und anschließende Entwicklungskontrollen erlauben.

Test Abb. 103 a ist von einem 5jährigen Buben gezeichnet. Er hat die Aufgabe gelöst, und er bringt sogar dreierlei Sterne, meist ein Zeichen für Kreativität. Aber wie gehemmt wirkt das Bild! Die Sterne sind geschwärzt und unsicher in den Konturen, und die Wellen sind wie Steine auf dem unteren Blattrand aufgereiht, halten sich sozusagen an ihm fest. Die ›Wellenlinie‹ ist nicht elastisch, sondern verkrampft, sporadisch auch verengt. Die Zeichnung setzt

Abb. 103 a ♂ 5;–

ängstlich an, vermeidet den linken Rand zu berühren, und erst ganz zum Schluß lockern die ›Steine‹ sich etwas in ihrer Abfolge. Daß sowohl die Strichführung in der Abfolge der Wellen als auch die sorgsame Anlötung der Striche an den zwei rechten Sternkörpern für Sorgsamkeit und Kontrolle sprechen, soll nicht übersehen werden. Der Erzieher sieht, daß hier durchaus ein Reifegrad erreicht ist, der für eine schlichte Aufgabe ausreicht. Nur muß das Kind ermutigt werden, muß man ihm Gelegenheit zur Selbstentfaltung bieten.

Die Partner des Kindes haben dies offensichtlich verstanden! Dafür spricht der Test Abb. 103 b, der ein Jahr später gezeichnet wurde. Der Bub ist jetzt 6 Jahre alt und ›Schüler‹. Wie fröhlich wirkt das Bild! Die Sterne sind großflächig, stoßen aber nicht aneinander. Die Strahlen zeigen mit ihrem Schwung, daß Bewegung in die kleine Person gekommen ist. Und wenn die Welle auch noch immer den linken Rand meidet und zögernd ansetzt, so ergießt sie

Abb. 103 b ♂ 6;–

sich doch in kühnem Bogen horizontal über das Bild. Und was wichtig ist: Sie muß sich nicht mehr am unteren Bildrand ›festhalten‹. Ein guter Erfolg, so sollte es immer sein.

Daß eine volle Lockerung und Normalisierung nicht immer gelingt, läßt die Folge der Tests Abb. 104 a und b erkennen. Der erste Test (Abb. 104 a) stammt von einer 5;1jährigen, ist also fast im gleichen Alter entstanden wie der des Buben Abb. 103 a. Hier stammt er von einem Mädchen, das nicht weniger selbstunsicher ist, dafür aber ganz anders auf die Aufgabe reagiert. Sie ist unkontrolliert, aktiv und stürzt sich geradezu vehement auf die Aufgabe, um durch quantitativen Einsatz zu kompensieren, was sie in distanzierter Konzentration nicht schafft. Jeder der Sterne – sie sind durchweg starr – wird geradezu erzwungen. Auch die Wellen bekommen den Willen des Kindes zu spüren. Es setzt unmittelbar am Linksrand an, um dann Türme aufzubauen, steif, spitzig, klobig und dabei fest verankert auf

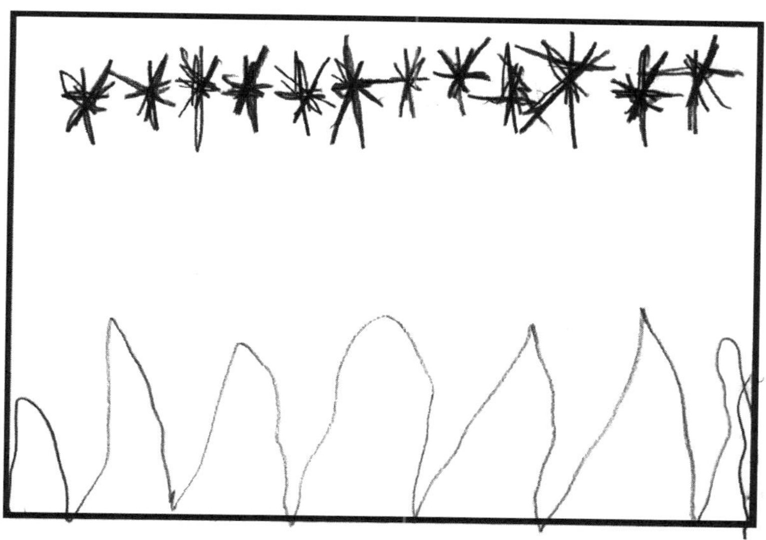

Abb. 104 a ♀ 5;1

der unteren Linie des Tests. Ja, sie gehen auch schon unkontrolliert darüber hinaus. Ganz offensichtlich ohne den Blick für das Ganze läßt das Kind die vorletzte Welle vor dem Rand senkrecht enden, um dann noch einen etwas verkümmerten Pfahl in die Lücke zu quetschen.

Ganz gewiß ist der folgende, ein Jahr später gezeichnete Test (Abb. 104 b) ein beachtlicher Fortschritt. Das Mädchen zeichnet Flächensterne, die zwar nur recht unbeholfen konturiert werden, aber doch einen gewissen Sinn für Proportion verraten. Daß es dann doch ins Gedränge kommt, lassen die drei letzten Sterne erkennen. Auch die Wellen haben an Form gewonnen, bleiben aber dennoch ›Steine‹ und verlassen auch noch immer nicht die haltgebende Linie des unteren Testrandes. Durch seine flächigen Formen sprechen aus dem Test Wärme und Gemüt, jedoch weniger ›Spiritualität‹ des Intellektes. Es dürfte ein langsames Kind sein mit einem eher statischen, unternehmungsunfreudigen Temperament. Der Erzieher wird Geduld mit ihm haben müssen.

Abb. 104 b ♀ 6;1

Ein schöner Erfolg ist wiederum in der Testfolge Abb. 105 a–c zu verbuchen. Der erste Test (Abb. 105 a) ist von einem 5jährigen Mädchen nur teilweise ausgeführt. Die Sorgsamkeit der Zeichnung läßt Nachlässigkeit als Ursache ausschließen, ganz offensichtlich ist es in seiner Betulichkeit nicht mit dem Ganzen fertig geworden. Und so fehlt ja auch jeder Blick für die Ganzheit des Bildes. Das Mädchen bringt eine Sachlösung, sowohl die Sterne als auch die Wellen sind brav aufgereiht. Der Strich ist zart, auch zart-fragil und ängstlich. Auch hier werden die Wellen als Steine aufgebaut. Vermutlich ist übrigens die Zeichnung rechts begonnen, das Kind könnte eventuell Linkshänder sein, was nicht bekannt ist.

Bei der Zeichnung Abb. 105 b ist das Mädchen schon 6;6 Jahre alt und nunmehr in der Schule. Die Entwicklung spricht für eine verständnisvolle Lehrerin! Das kleine Mädchen ist noch immer sehr zart und behutsam, sorgsam in der Durchführung der Sterne – man beachte die minu-

Abb. 105 a ♀ 5;–

tiös kontrollierte Durchstreichung der Mitte! –, und auch jetzt bleibt ein sehr breiter Raum zwischen Himmel und Wasser. Aber die Anordnung der Sterne ist freier, es kommt jetzt zu einer Bildlösung. Das aber sagt, daß die Zeichnerin den Rahmen mit erfaßt und somit das Bild als Ganzheit konzipiert. Der Mond rechts im Bild wird spielerisch ausgemalt. Die Wellenlinie hat sich jetzt völlig vom Blattrand gelöst und wird in einer harmonischen Linie durchgezogen. Ganz offensichtlich ist nun die Zeichnung von links ausgehend durchgeführt, was wieder einmal zeigt, daß Kinder eher optisch orientiert sind und die Bedeutung der Richtung des Zeichnens nicht überbewertet werden sollte.

Nur ein halbes Jahr später entsteht Abb. 105 c. Man würde sie kaum dem Kind zutrauen, das noch mit fünf Jahren den Test Abb. 105 a gezeichnet hat. Jetzt haben wir eine eindeutige Bildantwort vor uns. Die Sterne verdichten sich in der Mitte des Bildes zu einem Cluster, ohne sich zu drängen. Sie umgeben einen betonten Mittenstern, den Mond. Die Welle ist ähnlich gestaltet wie das Bild Abb. 105 b und vom Rande entfernt. Wieviel Kraft und Selbstsicherheit spricht aus dem Bild! Ein gutes Ergebnis, das Lehrern Mut machen könnte, Kindern eine behutsame Entfaltung zu ermöglichen.

Ein Problem ganz anderer Art findet sich in der Testfolge Abb. 106 a – d. Schon der erste Test (Abb. 106 a) des 4;6jährigen Buben ist frei, fast souverän gestaltet. Die Strichsterne sind locker hingeworfen, drei weitere Sternformen überraschen, weil die Mitte als heller Schein freigelassen ist. Darunter findet sich betont die Mondsichel. Eine Wellenlinie setzt am Rand an und bewegt sich sanft aufsteigend in einem Zuge durch den Raum, im rhythmischen Wechsel von kleinen und großen Wellen. Der Strich ist elastisch, der der Sterne durchweg zart bis auf den Mond. Diesen betont das Kind vor allem durch scharfen Strich, der durch erhöhte Aufmerksamkeit beim Zeichnen zustande gekommen sein mag. Es ist zu einer harmonischen Bildlösung

Abb. 105 b ♀ 6;6

Abb. 105 c ♀ 7;–

Abb. 106 a ♂ 4;6

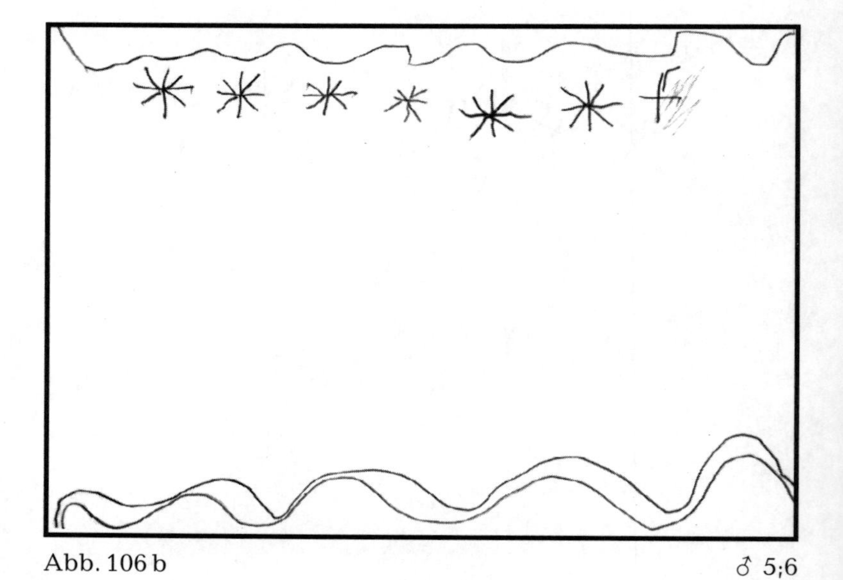

Abb. 106 b ♂ 5;6

Abb. 106 c ♂ 5;10

Abb. 106 d ♂ 6;5

gekommen, man kann von dem Buben zukünftig eine gute Kreativität erwarten, und dies zumal in gestalteten Produkten.

Wesentlich geordneter und auch jetzt wieder gekonnt wirkt der zweite Test (Abb. 106 b), mit 5;6 Jahren gezeichnet. Die Leistung wirkt absolut kontrolliert und dennoch locker und freimütig. Das ›Oben‹ und das ›Unten‹ wird jetzt stärker betont, man bemerkt, daß das Bildganze für das Auge des Kindes vor dem Ziel der Aufgabenerfüllung zurücktritt. Der Strich der Zeichnung ist zart, zum Teil scharf. Im Strich drückt sich mehr bewußte Anteilnahme aus als in dem zarten Strich des ersten Tests, der sehr gefühlsbetont wirkte.

Nur wenige Monate später, der Bub ist jetzt 5;10 Jahre alt und der Schulbeginn steht bevor, gibt es nun fast eine Synthese aus dem schönen bildhaften ersten Test und dem leistungsbetonten zweiten: eine Bildlösung, die nun reifer, voller, dabei aber absolut gestaltungsbewußt und kontrolliert wirkt (Abb. 106 c). Man vermißt zwar den genialen Schwung des ersten Tests, das Kind stellt aber auch recht hohe Ansprüche an sich. Der Himmelsbereich wird durch Wolken ergänzt, und das Wasser bewegt sich nun in gut ausgewogenen Wellenbergen, die sich rhythmisch von links nach rechts schieben. Daß dies etwas auf Kosten der Lockerheit und Elastizität geschieht, darf bei dem Alter des Kindes nicht verwundern. Der Strich ist jetzt ausgesprochen scharf, zum Teil scharf-hart: Ausdruck sehr bewußter, fast überbetonter Kontrolle.

Ein viertes Bild (Abb. 106 d) liegt sieben Monate später vor mit 6;5 Jahren, jetzt eigentlich kein Bild mehr, sondern eine ›Leistung‹, wie sie gar nicht erfragt worden war. Daß Sterne und Wellen hiervon ganz zurückgedrängt worden sind, kann man sehr wörtlich nehmen. Das Kind protzt geradezu mit seinem neu erworbenen Schreibenkönnen. Schade! Es liegt nicht immer in der Macht des Lehrers, einen ›Leistungsehrgeiz‹ dieser Art zu mäßigen, um der spielerischen und gestalterischen Potenz genügend Raum zu geben. Bei begabten Kindern muß man sich jedoch fragen, ob sie nicht allzusehr von ihrer Umwelt gelobt oder gar gefördert werden, was sie ›schon!‹ alles können. Denn naturgemäß motiviert solcher Zuspruch das Streben eines Kindes in genau jener Richtung, die so sichtbaren Erfolg des Anerkanntseins zeitigt. Es ist nicht nur der Leistungsdruck, der Kinder überfordern kann. Es können auch andere Gründe eine glückliche, ganzheitliche Entfaltung behindern.

3. Der SWT in der Konfliktberatung

Während die harmonische Entwicklung im Spiegel des Wiederholungstests beobachtet werden kann und der Psychologe nur beratend eingreift, wenn eine Korrektur angebracht scheint, wird der tiefer gestörte Mensch zu einem ›Patienten‹, zu seinem Partner. Hierfür sollen drei Beispiele gezeigt werden: Wie erscheint dieser Zustand im Sterne-Wellen-Test?

Was sich in der Kindheit an Belastungen und seelischen Beeinträchtigungen der Umwelt oft nicht kundgibt, bricht häufig um so stärker in der Pubertät aus. Zuvor erlebte das Kind seinen natürlichen, auch normgebenden Halt in der Familie als seiner Primärgruppe. Wenn aber der Halt gefehlt hat und die Normen des Verhaltens negativ waren, ist es beim Kinde oft nur zu einer kompensatorischen Schutzhaltung gekommen, zu einer Überangepaßtheit, die ihm das Überleben sichert. In der endogen bedingten Krise der Pubertät bricht das Kind dann zusammen.

Im Test Abb. 107 liegt das Ausdrucksbild eines solchen Kindes vor, es ist in einer psychiatrischen Klinik stationär aufgenommen und wird hier psychotherapeutisch behandelt. Seine Ausfälle betreffen sowohl die Schulleistungen als auch das soziale Verhalten. Das Testbild verrät eine Störung massiverer Art, zumal der Felsen links im Bild in der Horizontalen über das ganze Bild hin verlängert ist und

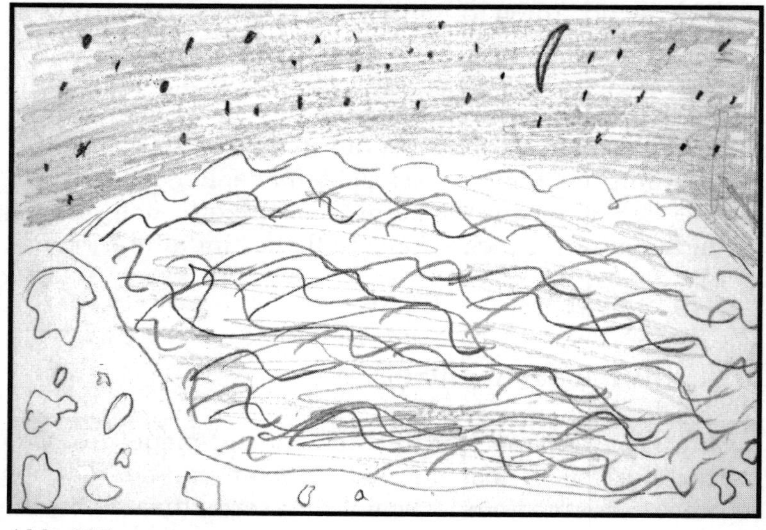

Abb. 107 ♂ 12;5

damit eine zweifache Absperrung ausdrückt. Ja, zum Schluß finden sich ganz rechts unten im Bild nochmals Steine. Auch das Felsmassiv ist durch eingezeichnete Steine betont. Die Wellen türmen sich zu unruhigen Bergen auf, was bei dem stillen und unzugänglichen Wesen des Kindes besonders zu denken gibt. Wieviel ungeklärtes Gefühl muß es in sich verschlossen haben. Der Himmel ist mit Punktsternen ausgefüllt, eine für dieses Alter seltene Lösung, weisen sie doch auf Ratio, auch auf spirituelle Tendenzen hin. Eine schmale, gequetschte Mondsichel betont diese Bemühung noch. Es legt sich nahe, daß in der schon angebahnten Therapie eine behutsame Lösung gefunden werden muß, die bei der Festigkeit der Verbauung sicher nicht schnell zu schaffen ist.

Die Situation des Kindes ist mit den im vorigen Abschnitt gezeigten Problemen vergleichbar, da im gleichen Alter sein Leiden begann. Den Berichten aus der Familie zufolge kann man sogar schon frühere seelische Belastungen vermuten. Als das Kind jedoch sechs Jahre alt war, ließen sich

Abb. 108 ♂ 17;3

die Eltern scheiden; notgedrungen wohnten sie dann aber weiter – im Zorn – in einer kleinen Wohnung zusammen mit diesem Einzelkind. Da kein Wohnraum gefunden werden konnte und die ›Intimfeinde‹ Vater und Mutter von Jahr zu Jahr auf eine räumliche Trennung vergebens warteten, verschloß sich das Kind mehr und mehr: seine einzige seelische Überlebenschance. Zu Beginn der Pubertät brach der Bub zusammen. Er hatte jetzt das Glück, zu einem sehr verständnisvollen und erfahrenen Therapeuten zu kommen und für längere Zeit stationär in seiner Anstalt bleiben zu können.

Der junge Mann, von dem der Test Abb. 108 stammt, ist Patient in einer psychiatrischen Abteilung und beginnt gerade eine Psychotherapie. Mit der Testantwort gibt er dem Therapeuten deutliche Hinweise auf sein Problem, das sich in psychosomatischen Störungen auswirkt und überdies zum rapiden Leistungszusammenbruch geführt hat.

Zugrunde liegt eine besondere, dennoch nicht seltene Art des Familienkonfliktes: eine problematische Vater-Sohn-Beziehung. Im Test kommt dabei nicht zum Ausdruck, wie der Vater wirklich ist, sondern wie der Sohn ihn erlebt. Er kann zu hohe Ansprüche an das Vaterbild gestellt haben, oder er stand unter dem Druck eines prominenten Vaters, dessen Vorbild er nicht erreichen konnte. Und es gäbe zahllose weitere Möglichkeiten der Spannung in dieser menschlichen Beziehung, die sich ganz automatisch nach der Pubertät neu gestalten muß. Wenn das Kind sich aus seiner familiären Symbiose, dem Wir-Erleben mit seiner Familie löst, steht es ja seinen Eltern als Partner gegenüber. Es sieht sie jetzt aus einem neuen Blickwinkel, oft mit Kritik, häufig auch ambivalent und gelegentlich mit Haß. Daß dies häufiger für den Sohn den Vater, für die Tochter die Mutter betrifft, liegt an der unbewußten Leitbildfunktion des gleichgeschlechtlichen Elternteils für das Kind.

Der Sohn hat dadurch ein gespanntes Vater-Verhältnis, daß er ambivalent ein tiefes und enges Gefühl für ihn hat – wenn wir dem Testausdruck glauben können. Im vorliegenden Fall hatte der brutale Vater das Kind geschlagen, gelegentlich auch die geliebte Mutter. Der Siebzehnjährige zeichnet einen sehr massiven Felsen, der in seiner Härte, seinem ›Widerstand‹ durch eine scharf-harte Linie betont wird. Ja, die Steinquader lassen ihn noch uneinnehmbarer erscheinen. Dann aber läßt er Gras auf dem Plateau wachsen, Gebüsch und sogar einen Baum, der doch das Symbol des Lebens ist. Ein winzig kleiner Mensch sitzt wartend am Stamm des Baumes und schaut über das Meer. Aber es gibt keinen Weg dorthin, die Wasserwogen prallen gefährlich am Felsen ab, die Brandung überschlägt sich hier sogar noch nach bisher sanftem Anlauf. Als Ergänzung fällt der betonte Mittenstern auf, der das Ich symbolisiert. Hier bildet er einen echten Kontrapunkt an Kraft und Ausstrahlung, und die hohe Stellung im Zeichenraum läßt auf eine durchaus betont-geistige Partnerschaft schließen. Es liegt nahe, daß hier auch weltanschauliche Differenzen mitspielen könnten.

Ein nicht mehr ganz junger Mann kommt zum Gespräch, nicht zum ersten Mal; nicht etwa zur Beratung, die er nie gesucht hat und stets abwehrt, wenn sie sich anzudeuten droht. Er ist tief unglücklich, was er zugibt, aber völlig verbaut, was er anders sieht. Aber bereitwillig zeichnet er die Tests. Hier liegt aus der Testbatterie der SWT vor (Abb. 109).

Wenn das Wasser in einer Testzeichnung Bewegung zeigt, so verläuft diese entweder nach links oder, und dies zumeist, nach rechts im Bild. Hier ist die Bewegung ausdrücklich betont, man könnte sagen, das Wasser sei aufgewühlt. Aber es krümmt sich in sich hinein, wie es manche Blüten tun, wenn sie zu welken beginnen. Die sensible Stimmungslösung betont diesen Eindruck noch, und in der Zurückhaltung des Ausdrucks wirkt auch der Himmelbereich eindrücklich licht. Die Sterne stehen in einem Lichthof, den der Zeichner durch Aussparung des Dunkels erreicht, und der hell wirkende Mond links im Bild ist in seiner Klarheit ein auffälliger Kontrapunkt zu der wogen-

Abb. 109 ♂ 29;–

den und in sich eingestülpten Wassermasse. Auffällig ist, daß die scharf-harte Konturierung des Mondes der einzige Strichcharakter ist, der Bewußtheit und Wollen betont. Das übrige Bild ist mit tonigem oder gar tonig-schwammigem Strich ausgeführt. Bei näherem Hinschauen fällt auf, daß die Wasser – die man nicht eigentlich als einzelne Wellen bezeichnen kann – durchweg nach links gewendet sind. Dies ist ein gut abgesicherter Ausdruck der Kontaktsperre. Hier trifft das in hohem Maße zu.

Der Zeichner hat sowohl die Schule als auch die Berufsausbildung abgebrochen, dann mehrfach Berufe angefangen und wieder fallen gelassen. Dabei zeigte er vielseitiges Geschick und gab seiner Familie hierdurch stets neue Hoffnung auf nunmehrige Stabilisierung vor allem wirtschaftlicher Art. Zwei Ehen scheiterten, wobei der introvertierte Mann litt und dennoch mit Trotz reagierte. Eine Psychotherapie lehnte er ab.

Ein ›Aussteiger-Leben‹ ist unter Jugendlichen heute nicht selten. Zumeist aber reagieren junge Menschen ihre Adoleszenzkrise als Weltverbesserer oder Gesellschaftsbekämpfer aktiv, oft lautstark ab. Bei introvertierten Naturen dominiert häufig die Wehrlosigkeit. Ein Rückzug in die eigene Innerlichkeit hemmt nicht nur den Kontakt zur Umwelt, sondern verbaut auch den Weg zur Auseinandersetzung mit sich selbst.

4. Der SWT in der medizinischen Diagnostik

a) Wiederholungstests aus einer Rehabilitationsklinik

Schon in der Vorschulfürsorge hat sich gezeigt, daß der Fortschritt einer Entwicklung gut durch den SWT überprüft werden kann. Nicht anders ist es in der Psychotherapie oder, wie jetzt gezeigt werden wird, in der medizinischen Betreuung.

Hier gibt es sowohl für Unfallopfer als auch für psychosomatisch Kranke mit physischen Leiden bei okkulten Ursachen gute Erfahrungen, aus denen Beispiele gezeigt werden sollen. Der Unterschied zwischen Unfallkranken und Schmerzkranken ist der, wie die Namen schon andeuten, daß im ersten Falle die Ursache bekannt ist, ohne die Folgen absehen zu können, im zweiten Fall dagegen die Folge bekannt ist, ohne eine Ursache für sie zu finden, wie etwa bei dem Schmerzpatienten, der hier vorgestellt wird. Bedenkt man, daß der SWT sowohl Funktionstest ist als auch Ausdruckstest und Projektionstest, so mag beim Unfallkranken die Frage nach der Funktion im Vordergrund stehen. Aber besonders bei fortschreitender Heilung tritt dann mehr und mehr auch das Problem des Ausdrucks der leidenden Persönlichkeit hinzu, der über deren individuelle Struktur und Befindlichkeit Aufschlüsse geben kann.

Der Testverlauf Abb. 110 a–c stammt von einem Handwerker, der mit 37 Jahren einen schweren Autounfall erlitten hat. Er kommt mit einem Polytrauma auf eine Un-

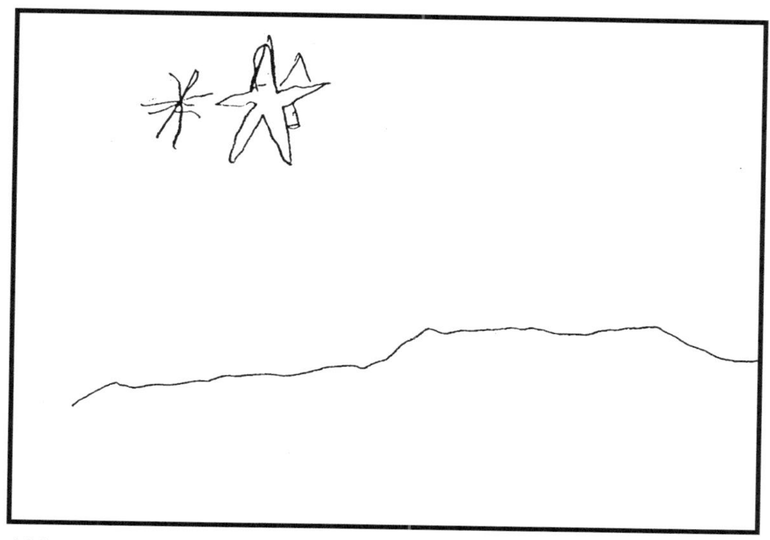

Abb. 110 a ♂ 37;2

fallstation und wird sofort klinisch behandelt. Mehrmals am Tag erhält er Medikamente, physiomotorische Betreuung und pflegerische Kontakte.

Schon kurz nach der Aufnahme ist Test Abb. 110 a aufgenommen worden. Wenn man bedenkt, daß die Aufgabe ›Sterne über Wellen‹ schon von Kindern gelöst wird, dann begreift man die geistige Leistungsreduktion dieses Patienten. Dennoch bleibt festzuhalten, daß die Aufgabe im Prinzip verstanden worden ist. Nur ist die Antwort auf ein Äußerstes reduziert, die Formen sind unbeholfen, die Welle ist unelastisch, der Strich der Sternzeichnung ist unsicher und zart-fragil.

Aber schon der zweite Test (Abb. 110 b) zeigt so kurze Zeit danach einen Fortschritt. Ein Stern aus dem Test wird zum echten Mittenstern, wenn auch in der Form der Darstellung immer noch etwas künstlich und unbeholfen. Und auch der Versuch des zweiten Sterns gelingt besser, sicherer, wenn auch deformiert und, dies bei beiden Sternen, mit sehr gestörtem Strich. Betrachtet man dagegen die Wellenlinie, so überrascht die elastische und fast ungestörte Bewegung in der einen, mehrfach geschwungenen Welle. Auch die Phantasie ist lebendiger, eine Wolke wird dem Himmelsbereich angefügt.

Und schon der dritte Test (Abb. 110 c) zeigt ein fast gesundes Bild. Jetzt gibt es sieben Sterne am Himmel, sogar mehrerlei Sternformen und einen klaren, gut gelungenen Mittenstern. Er läßt zugleich vermuten, daß hier die existentielle Problematik thematisiert ist, wobei der Abstand auf der linken Seite, also zu sich und dem Intimpartner, noch unsicher und disharmonisch, wenn auch eng ist. Dagegen findet sich ein Cluster von Sternen im weiteren Abstand zum Mittenstern rechts im Bild, und diese Sterne sind schon konzentriert gezeichnet, und deren drei können als gelungen bezeichnet werden. Erstaunlich gelungen ist die Wellenbewegung. Sie ist in einem Zuge gezeichnet, elastisch im Strich und durch mehrfache Höhen und Tiefen lebendig im Ausdruck. Die sanft beginnende Bewegung

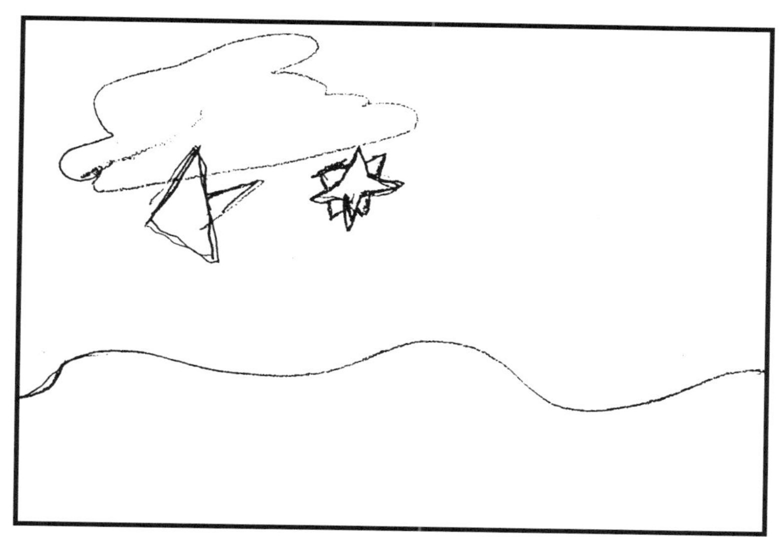

Abb. 110 b ♂ 37;3

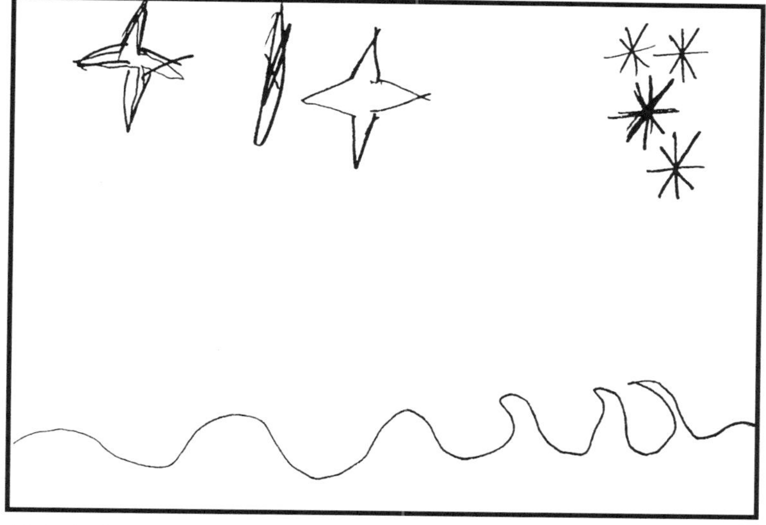

Abb. 110 c ♂ 37;5

am linken Rand geht in höheren ›Seegang‹ über; zum Ende hin verrät sie sowohl Hemmungen als auch durch die Linksneigung der Wellen Kontaktprobleme. Der Abstand zwischen Himmel und Wasser ist auch hier noch groß, eine eher kindliche Lösung. Dies kann jedoch die anhaltende Wirkung des Unfallschocks sein, durch die der Patient seelisch regrediert sein kann.

Es besteht aller Anlaß anzunehmen, daß man mit der Therapie für diesen Patienten auf dem richtigen Wege ist, was auch der zuständige Arzt mit seinem Bericht bestätigt. Durch den jetzt auftretenden Ausdruck einer existentiellen Problematik könnte man zusätzlich behutsam eine Gesprächstherapie anbieten.

Im folgenden Beispiel handelt es sich um einen Schmerzpatienten. Das Bild der SWTs unterscheidet sich auf den ersten Blick von den Bildern des Unfallpatienten mit dem Polytrauma; es ist jeweils voll ausgefüllt, geschlossen, fast wirkt es ausgewogen. Beides sind Bildlösungen, die emotionale Beteiligung an der Aufgabe ist offenbar groß; dennoch ist der Sternenbereich übermächtig und erdrückt fast die an den unteren Rand gedrängten Wellen. Ist hier nicht der Geist, oder wenigstens das Bewußtsein, in einem disproportionalen Verhältnis wirksam bei der leidenden Person?

Die gründlich und ausdauernd korrekt durchgestrichenen Sternchen im Test Abb. 111 a würden die Vermutung bestätigen, es fehlt jeder Hinweis auf seelischen Elan. In der Raumgliederung ist überdies auffällig, daß sich unten in der Mitte des Bildes zwei Sterne in die Wellenberge mischen. Sie deuten ›Verflochtenheit‹ an, die auf eine unklare Trennung zwischen Ratio und Imago hinweist. Der doppelte Mittenstern, der aufmerksam, betonter, aber auch kleiner gezeichnet ist als die übrigen Sterne, läßt auf einen Konflikt schließen. Ist ein Zwiespalt im Selbsterleben zu vermuten und überdies ein schwaches Selbstgefühl? Der Mond rechts im Bild als die größte Lichtquelle steht etwas

Abb. 111 a ♂ 28;9

Abb. 111 b ♂ 29;5

isoliert, was bei seiner Größe auffällt. Schaut man sich die Wellen an, so erhärtet sich der Verdacht des schwachen Selbstgefühls, sie suchen Halt am unteren Rand des Bildrahmens. Und wichtiger noch: Sie wenden sich ausdrücklich nach links und weisen auf Kontaktsperren hin. Der gestörte Zeichenstrich bestärkt das Bild von Unsicherheit und Gestörtheit, auch fällt die verzögerte Anknüpfung der Welle am Linksrand auf.

Was hat sich geändert im zweiten Test (Abb. 111 b)? Wenig, aber Wesentliches. Fragen wir jetzt gezielt nach dem Selbstgefühl, so haben wir mehrere Indizien für dessen Stärkung. Die Wellenlinie ist jetzt zügig und elastisch und setzt am linken Rand an. Sie hat sich vom Bildrand gelöst und schwingt frei und in einem Zuge bis zum Rechtsrand. Die linksgebogenen Wellen sind jetzt in die fließende Bewegung einbezogen, ja eine Mittenwelle wagt sich sogar zaghaft nach rechts. Und der Mittenstern tritt jetzt einzeln hervor, von einer Wolke umhüllt: Das Selbst ist noch immer thematisiert, wird jedoch von positiveren Begleitumständen gefördert. Der Mond ist großflächig nach links gerückt; wird seine Stellung raumsymbolisch interpretiert, so weist er auf die ethische Selbstreflexion hin. Ein Komet ist aufgetaucht und deutet Bewegtheit, Leben an. Einige Wolken am Himmel ergänzen die Lebendigkeit des Bildes.

Der Patient hatte die medizinischen Untersuchungen ohne Kommentar absolviert und auch in die Psychotherapie eingewilligt, zuerst jedoch ohne sich dem Therapeuten aufzuschließen. Erst nach geraumer Zeit äußerte er sich, dann aber zunehmend offen. Das Gespräch führte weit zurück in seine Kindheit, über die er von einem brutalen Vater berichten mußte, dem er als Kind ausgeliefert gewesen war. Hierüber hatte er auch zu seiner Ehefrau niemals gesprochen, und jetzt befand er sich in einem halb befreienden, halb schmerzhaften Prozeß der konzentriert-bewußten Stellungnahme zu seinem Wiedererleben der Kindheit. In der Testantwort drücken sich aus sowohl die noch immer ›hinter Schleiern‹ liegende Erinnerung – die

Wolken und zumal das umhüllte Ich-Symbol ›Mittenstern‹ sprechen hierfür – als auch das zunehmend gespannte Bewußtsein mit dem Richtstrahl auf die Vergangenheit. Es ist nicht schon die Heilung, die sich im zweiten Test ausdrückt, aber es ist ein Prozeß in der Richtung der Klärung.

b) SWTs von geistig Behinderten

Die zwei folgenden Tests stammen aus einer Gruppe geistig Behinderter, die in einer Werkstatt handwerklich beschäftigt werden. Deren Zeichnungen sind häufig sehr schlicht, aber überraschend oft haben sie die Aufgabe verstanden. Manchmal übertreffen sie sogar die Testantworten von Oberschülern, zum mindesten an Fülle und Ausgewogenheit. Daß dies gerade bei voll oder fast Schreib-

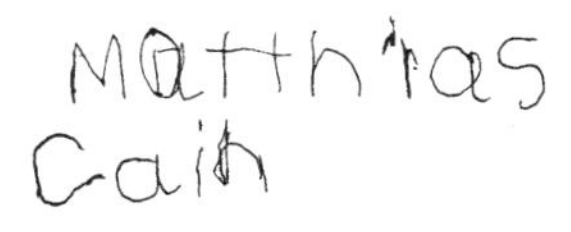

Abb. 112 ♂ 19;–

unfähigen der Fall ist, mag an dem Umstand liegen, daß der Anspruch auf Leistung und damit eine mögliche Irritierung und Frustration völlig wegfallen. Dennoch muß ein Kern des Erlebens wach sein, wenn die dreigliedrige Aufgabe so gut und lebendig gelöst werden kann. – Für die beiden vorliegenden Tests sind Beispiele ihrer ›Handschrift‹ hinzugefügt, die für die statistische Erhebung auch dann erbeten wird, wenn die Behinderten als ›schreibunfähig‹ gelten.

10 10 1988

Abb. 113 ♂ 19;3

Der Test Abb. 112 läßt eine Bildlösung erkennen, die durch breite und gut artikulierte Flächensterne auffällt, deren jeder lebendig wirkt. Gut zu sehen ist dies bei dem zweiten von links, der eine drehende Bewegung andeutet. Aber auch die Wellen sind bewegt. Sie setzen korrekt am linken Rand an und ziehen sich in Wellenbergen nach rechts, wo sie wiederum genau am Rand enden. Die Zeichnung ist mit Liebe und Aufmerksamkeit und überdies gekonnt ausgeführt.

Der Test Abb. 113 ist eine nicht weniger ausgefüllte, warm wirkende Bildlösung, die sich jedoch durchaus von der vorigen individuell unterscheidet. Hier wurden die Wellen flott und zügig aneinander gereiht, und den Rändern nach zu urteilen kann man annehmen, daß hier von rechts nach links gezeichnet wurde. Alle Wellen haben eine leichte Neigung nach links, müssen aber durch den rhythmischen und harmonischen Ablauf nicht ausdrücklich auf Kontaktprobleme interpretiert werden. Die Sterne werden aufgereiht und sorgsam gestaltet, was bei der flotten und lockeren Abfolge der Wellen überrascht. Der Zeichner kombiniert einen Blütenstern mit einem Strahlenstern und erhält hierdurch hübsche Margeriten. Beim zweiten Stern links sind sogar Blätter angesetzt.

Die Antworten sind überraschend und lassen ein gesundes Kernpotential vermuten, das nicht in intelligenten Leistungen, sondern in Kräften des Gemütes liegen wird.

c) SWTs von Sprachgeschädigten

Mit ›Sprachgeschädigten‹ sind nicht stumm Geborene gemeint, sondern die durch Schock oder psychische Belastungen aller Art sprechunfähig Gewordenen. Für diese Menschen ist der SWT ein Ausdrucksmittel, das wertvolle Hinweise auf ihre Persönlichkeit gibt. Das wurde eindrücklich bei den ›boatchildren‹ aus Asien erfahren, die

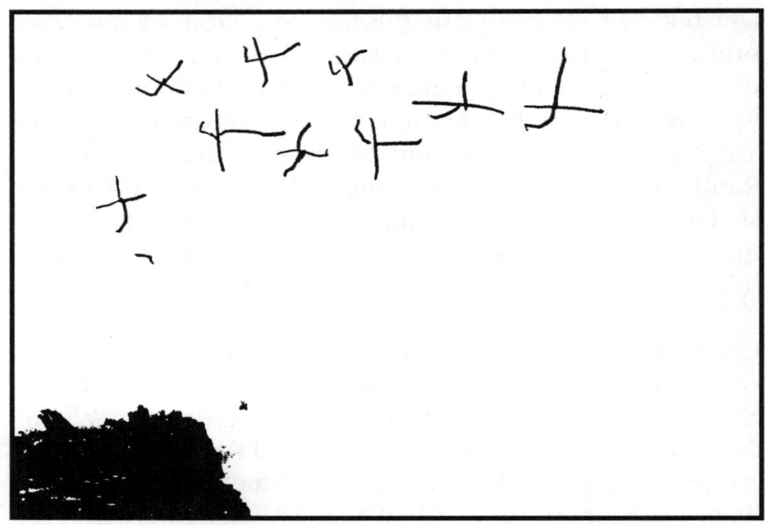

Abb. 114 ♂ 4;10

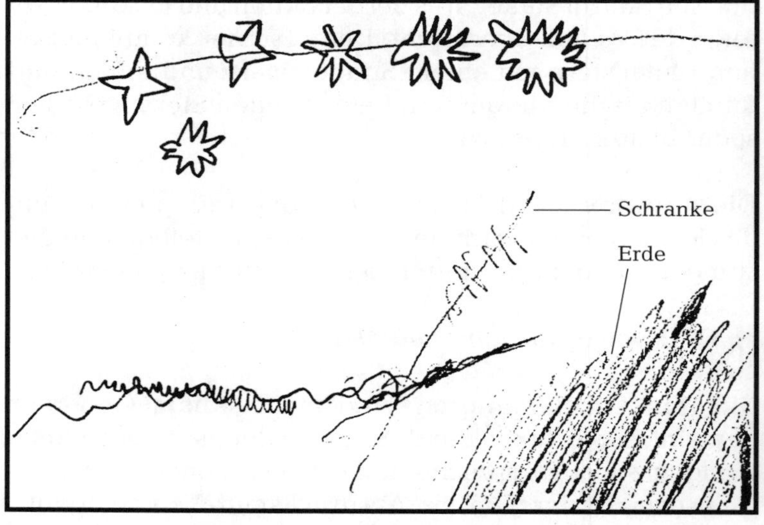

Abb. 115 ♂ 14;2
(mit eigenen Angaben des Kindes)

als Mutisten nach der Flucht in ihrem Gastland ankamen und die erst nach geraumer Zeit des Einlebens die Sprache buchstäblich wiedergefunden haben. Aber auch bei Sprachbehinderten wie Stotterern ist der SWT angewandt worden. Besonders bewährt hat er sich bei Sprachgeschädigten als Erfolgskontrolle während einer Therapie. Denn die Harmonisierung des Testbildes zeigt häufig an, daß nicht nur ein funktionales Sprechenkönnen wiedergewonnen, sondern der ›Kern des Übels‹ erfaßt wurde und sich aufzulösen beginnt.

Hier werden zwei Beispiele von Mutisten vorgelegt, in denen überdies der Unterschied von Ausdruck und Symbol gut erkennbar ist. Bei Test Abb. 114 liegt die Antwort ganz im Ausdrucksgehalt, Test Abb. 115 dagegen bringt auch ein erstaunliches Symbol in das Bild ein.

Test Abb. 114 stammt von einem 4;10jährigen Portugiesen, der mit seiner Familie in Frankreich ansässig ist. Er selbst ist dort geboren. Das Kind hat den Test verstanden und beantwortet. Die Sterne sind zwar verbogen und wirken wie Drahthaken, was man auf ein kindliches Gestaltungsunvermögen schieben könnte. Dagegen zeigt uns die aufgestaute Wassermasse unmißverständlich die schwere Frustration, hier wörtlich als ›Vereisung‹ zu nehmen, im Wasserbereich! Der Vater des Jungen ist schwerer Trinker, und wir können vermuten, daß sich dieses Kind von klein auf in sich verkrochen hat, um dem torkelnden und tobenden Vater zu entgehen. Eine Therapie könnte hier ansetzen.

Test Abb. 115 hat ein 14jähriger Bub gezeichnet, der mit seinen Eltern einen Autounfall erlebt hat, bei dem beide Eltern ums Leben kamen. Das Kind überlebte, verlor jedoch die Sprache. – Der Bub hat die Aufgabe verstanden und beantwortet, zeichnet dann aber noch das Erlebnis des Unfalls, an den er sich wachbewußt gar nicht so deutlich erinnert: Da gibt es eine Schranke und dann einen Erdwall, und die Wasserwelle, das Leben, bricht sich daran. Das Kind ist in Therapie, in der das Erlebnis aufgearbeitet werden muß, wenn die Sprachfähigkeit wiedergewonnen werden soll.

5. Der SWT in der Kriminologie

Um die Anwendung des SWT auch für den Strafvollzug anschaulich zu machen, seien hier zwei Beispiele von erwachsenen Mörderinnen gezeigt. Beide haben die Tat vorsätzlich begangen, was erschwerend wirkt, beide haben dagegen recht verschiedene Motive, was den Unterschied im Ausdrucksbild verständlich macht.

Im ersten Test (Abb. 116) zeichnet eine 36jährige Frau eine recht schlichte Antwort, fast eine Sachlösung und mit dem kindlich weiten Abstand zwischen Himmel und Wasser. Der Mittenstern als Ausdruck der existentiellen Problematik ist

Abb. 116 ♀ 36;–

ausgeprägt, er beherrscht das Bild. Die Konturierung ist scharf-hart gezeichnet, der Strich ist hier unsicher. Der rechte, der Zukunft zugewandte Himmelsbereich wird ausgespart. Überraschend monoton sind die Wellen gezeichnet. Sie erinnern eher an eine Graphik als an spontanen persönlichen Ausdruck. So wirkt die Antwort zwar voll gegeben, jedoch kalt und distanziert.

Die Frau hatte mit Hilfe zweier Freundinnen ihren Ehemann ermordet. Sie hatten einen Raubüberfall vorgetäuscht, dies jedoch etwas romantisch, kaum aber professionell getarnt. Alle drei Frauen stammen aus dem etablierten Bürgertum, die Zeichnerin hatte sogar recht wohlhabend in ihrer Ehe leben können. Jetzt hatte sie sich innerlich von ihrem Mann distanziert, eine Scheidung lehnte er jedoch ab. Sie fühlte sich gedemütigt und hatte angeblich Gründe, die Trennung nicht erzwingen zu können.

Der recht starr und leblos ausgefüllte Test läßt vermuten, daß man nicht leicht Zugang zum Kern des Erlebens

Abb. 117 ♀ 40;–

der Täterin finden würde, ja daß sie sich selbst hiervor scheut. Dagegen spricht der extrem betonte Mittenstern von einem dominierenden Selbstgefühl, das der Selbstrechtfertigung bedarf.

Die Antwort des Tests Abb. 117 ist eine Bildlösung, Sterne sind zart und gut konturiert, ein Mittenstern ist betont, aber nicht anspruchsvoll. Links oben im Bild, raumsymbolisch der Ausdrucksbereich des Wertstrebens, findet sich der Mond als wichtigste Lichtquelle. Die Wellen schwingen weich und locker, und verspielt findet sich ein Fisch in deren Mitte. Als Symbol wäre dies der Ausdruck des tieferen Erlebens, zumal der Fisch in einer deutlichen Partnerschaft zum Mittenstern steht. Der Strich der Zeichnung ist durchweg zart und betont das dominierende Gefühl des Erlebens der Frau.

Dieser Test ist von einer jetzt 40jährigen Frau gezeichnet, die vier Jahre zuvor ihre Rivalin vorsätzlich mit einem Beil erschlagen hatte. Der zarte und sensible Ausdruck des SWT ist angesichts der brutalen Tat kaum glaubhaft. Er entspricht jedoch sowohl dem heiteren und fast befreiten Verhalten der Frau im anschließenden Gespräch als auch ihrem geäußerten Berufswunsch, behinderte Kinder betreuen zu dürfen. Ihre Biographie ist eine einzige Abfolge von Gewalterleidnissen und Demütigungen. Seit dem 12. Lebensjahr vom Vater sexuell mißbraucht, heiratet sie, schwanger, mit 18 einen ungeliebten Mann und bringt ein geistesschwaches Kind des Vaters zur Welt. Zwei weitere Ehen verlaufen dramatisch, bis sie in der letzten Ehe in Verzweiflung ihre Rivalin tötet. – Erst wenn man das Leben der Mörderin kennt, versteht man, daß die jetzige Haftsituation ihr zum ersten Mal eine gewisse Freiheit des Wünschens erlaubt – Träume, die sich bei einer ›lebenslänglichen‹ Haftstrafe kaum erfüllen lassen.

Wenn es gelänge, die Frau in ihrer jetzigen Haltung zu stabilisieren, könnte sie vermutlich nach einer eventuell verkürzten Haftzeit eine betreuende Aufgabe übernehmen.

Die SWTs der beiden Straftäterinnen sind meinem Band ›Graphologie des Jugendlichen III, Straftäter im Selbstausdruck‹ (München-Basel 1993) entnommen. Sie sind dort Bestandteil der Kleinen Graphischen Testbatterie. Als ein wichtiger Hinweis auf Unreife oder Infantilität erwies sich dort generell das häufige Auftreten des breiten Abstandes zwischen Himmel und Wasser, das bei Nichtkriminellen schon in der Pubertät bzw. frühen Adoleszenz fast ganz zurücktritt (vgl. unten im Anhang S. 229 unter ›Mitte leer‹).

6. Ein Sonderfall

Eine einmalige Gelegenheit zum Thema ›Wiederholungstest‹ ergab sich durch die Vereinigung der beiden deutschen Staaten. In der DDR war es üblich gewesen, der ›Staatsfeindlichkeit‹ Verdächtige überwachen oder bespitzeln zu lassen; nach deren Auflösung lagen dann die Akten dieser Vorgänge offen.

Als ein 33jähriger Pfarrer, der sich von vielen Personen bespitzelt wußte, nun auch interessiert seine Akte durchforschte, entdeckte er unter anderen Namen den einer 44jährigen Frau aus dem gemeinsam besuchten therapeutischen Gesprächskreis. Die psychischen Folgen waren für beide hart: für den Pfarrer durch den Vertrauensbruch der Gesprächspartnerin, für die Frau durch die Peinlichkeit, enttarnt worden zu sein, oder vielleicht auch durch Schuldgefühle. Erschwert war die Situation noch dadurch, daß nicht nur der Pfarrer zu der Frau volles Vertrauen gehabt hatte, sondern diese, wie alle übrigen, die dort obligate Schweigepflicht eingegangen war! Sie war durch ihren politisch engagierten Mann beeinflußt worden, sich dennoch der ›Staatssicherheit‹ zur Verfügung zu stellen.

Da in dem Kreis der SWT verwendet wurde, liegen heute Tests beider Teilnehmer aus beiden Situationen vor. Sehen wir uns die Tests an, wie sie sich *vor* der Wende zeigten, als die Situation der DDR eine erhöhte Bespitzelung

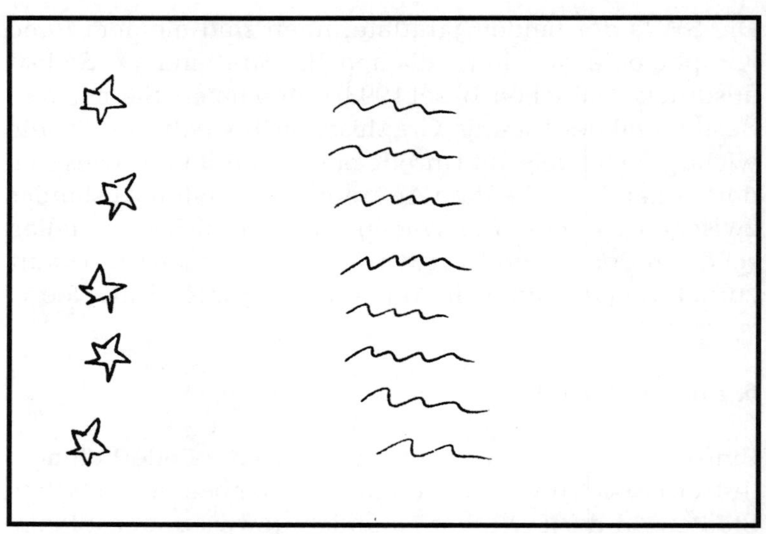

Abb. 118 a ♀ 41;–

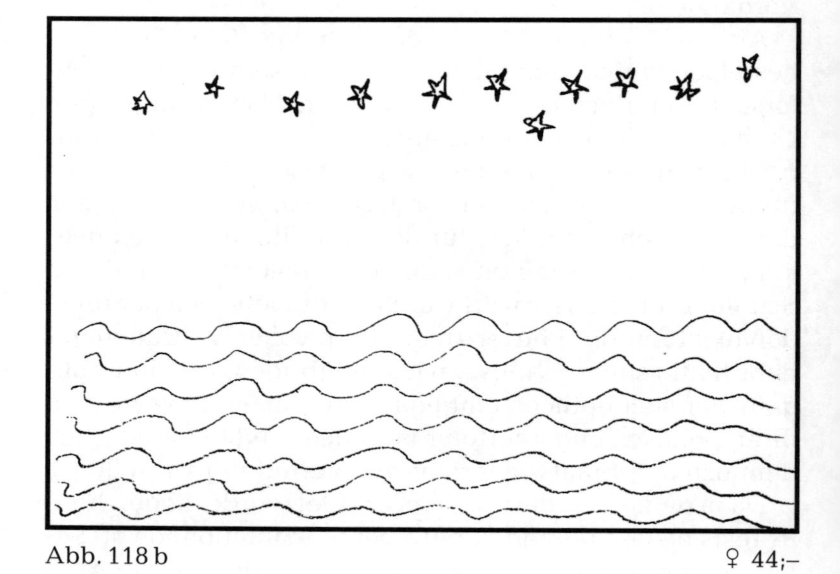

Abb. 118 b ♀ 44;–

Abb. 119 a ♂ 30;–

Abb. 119 b ♂ 33;–

von politischen Abweichlern nahelegte. Der SWT der Frau (Abb. 118 a) zeigt eine Ver-Stellung: Sie hat die Aufforderung zum Thema in ein Programm umgewandelt und ›bedeckt‹ sich damit, vermutlich ganz unbewußt. Der Mann (Abb. 119 a) dagegen äußert sich in einer geradezu schwatzhaften Weise, der strahlende Mittenstern wird durch den ›seelischen Überschwang‹ etwas beiseite gedrängt, die nüchterne Realität, auf die der Leerraum rechts unten im Bild hinweist, wird überspielt.

In der entstandenen neuen Situation bemühten sich Vermittler, nicht zuletzt der Leiter des Kreises. Bei der Täterin hatte er Erfolg: Sie bereute und fand zu einer, wie sie es sah, moralischen Normalität zurück. Ihr zweiter Test freilich (Abb. 118 b) wirkt oberflächlich und vordergründig. Das Opfer jedoch konnte seine tiefe Verletzung nicht verschweigen noch überwinden. Links im Bild des SWT (Abb. 119 b) steigt ein harter und steiler Felsen auf, der in introverser Richtung den Zugang zum Du und zu sich selbst verbaut. Ein Baum am Abhang und ein zweiter auf der kahlen Fläche lassen jedoch positive Möglichkeiten offen. Dies ergänzt der Mond rechts im Bild als Lichtquelle im geistig-rationalen Bereich, und der gedoppelte Mittenstern ist zwar schüchtern im Vergleich mit dem strahlenden des ersten Tests, er zeigt jedoch nicht nur Zwiespalt, sondern auch ›Bewegung‹ im existentiellen Erleben an.

Anhang: Ergebnisse statistischer Erhebungen

A. Zum Sterne-Wellen-Test als Funktionstest

721 Lösungen aus Kindergärten, Ergebnisse in %

Die Aufstellungen zeigen, wie die Test je nach Alter und Geschlecht aufgenommen wurden.
Tabelle I zeigt zusammengefaßt, wieviel Prozent der Kinder das Thema ‚Sterne und Wellen' jeweils überhaupt aufgenommen haben oder nicht aufgenommen hatten.
In Tabelle II wird differenziert gezeigt, wie die Reaktion auf das Gesamtthema ‚Sterne und Wellen' ausfiel. Die Kategorie ‚verflochten' meint dabei, daß Sterne und Wellen zwar aufgenommen, aber nicht in der geforderten räumlichen Anordnung wiedergegeben wurden (Fabulieralter!).

Tabelle I

Alter:		3	3 ½	4	4 ½	5	5 ½	6	6 ½
‚Sterne und Wellen' *nicht aufgenommen*	♂	40,0	31,6	15,9	13,8	1,7	0	1,9	0
	♀	34,6	25,0	13,2	1,7	2,3	0	4,5	0
‚Sterne und Wellen' *aufgenommen*	♂	20,0	45,0	59,1	69,4	93,0	92,7	92,4	100
	♀	23,0	52,8	79,4	84,8	95,3	97,5	92,4	93,7

Tabelle II

Geschlecht: ♂

Alter	3	3½	4	4½	5	5½	6	6½	
Nicht aufgenommen	6,7	0	0	5,5	0	0	0	0	nicht aufgenommen
Falsch ausgefüllt	33,3	31,6	15,9	8,3	1,7	0	1,9	0	
Nur Sterne	20	21,0	22,7	8,3	5,2	4,9	1,9	0	teils aufgenommen
Nur Wellen	20	0	2,3	8,3	0	2,4	3,8	0	
Verflochten	13,3	21,0	27,3	11,1	3,4	4,9	0	0	
Voll aufgenommen	6,7	26	31,8	55,5	81,0	80,5	84,9	90,9	voll aufgenommen
Zutaten	0	0	0	2,8	8,6	7,3	7,5	9,1	
Gesamtzahl	15	19	44	36	58	41	53	22	= **287**

Geschlecht: ♀

Alter	3	3½	4	4½	5	5½	6	6½	
Nicht aufgenommen	3,8	0	2,9	0	0	0	3,0	0	nicht aufgenommen
Falsch ausgefüllt	30,8	25	10,3	1,7	2,3	0	1,5	0	
Nur Sterne	38,5	19,4	2,9	10,2	2,3	2,6	3,0	6,2	teils aufgenommen
Nur Wellen	3,8	2,8	4,4	3,4	0	0	0	0	
Verflochten	11,5	16,7	11,8	6,8	3,5	2,6	1,5	6,2	
Voll aufgenommen	11,5	33,3	57,3	74,6	76,5	87,2	71,2	87,5	voll aufgenommen
Zutaten	0	2,8	10,3	3,4	15,3	7,7	19,7	0	
Gesamtzahl	26	36	68	59	85	78	66	16	= **434**

B. Zum Sterne-Wellen-Test als Ausdruckstest

Lösungen von 3001 SWT's in Prozenten (Mittelung über je 3 Halbjahrgänge)

Die Tests sind von 6—18jährigen Grund- und Oberschülern ausgefüllt worden. Die Auswertung erfolgte nach Gesichtspunkten des *Ausdrucks*-Tests.

Tabelle III

Geschlecht: ♂

Alter	6	6½	7	7½	8	8½	9	9½	10	10½	11	11½	12
Sachlösung	37,9	38,2	42,6	47,7	54,1	54,3	48	36,1	27,5	28,6	27	26	15,8
Bildlösung	60,8	61,7	57,2	52,7	46,4	46,1	50,5	62	68,1	68,1	66,5	65,2	64,6
Stimmungslösung	0	0,5	0,6	0,5	0	0,9	3	3,6	5,3	4,1	6,3	8,6	18,4
Formlösung	0	0	0	0	0	0	0	0	0,3	0,3	1,1	0,8	1,5
Sinnlösung	0	0	0	0	0	0	0	0	0	0	0,7	1,3	1,5
Oben betont	6,5	3,8	1,2	3,5	6,1	16,1	9,5	10,8	0,3	11,2	10,1	9,5	7,6
Unten betont	1	2,7	3,8	3	2,7	2,4	2,5	2,5	2,1	2,5	2,6	2,6	1,5
Mitte betont	1	1	2,5	2	2,7	0,9	1,5	1,4	1,4	0,9	1,5	2,6	3,5
Mitte leer	61,9	63,9	65,6	60,8	60,3	53,8	51	38,2	27,5	26,3	22,9	25,6	18,9
Zutaten (außer Mond)	18,4	18	18,4	24,6	26,8	28,6	28,5	30,3	32,9	26,6	22,5	16,9	15,8
Ges.-Anzahl	92	24	67	66	66	47	93	60	124	95	92	81	61

Alter	12½	13	13½	14	14½	15	15½	16	16½	17	17½	18—18½
Sachlösung	14,2	12,8	17	19,2	14,7	11,7	10	11,3	8,5	7	4,1	1,4
Bildlösung	64,7	66,6	58,5	32,6	18	23,5	26	35,8	44,5	43,5	35,7	21,1
Stimmungslösung	22,7	23,4	26,5	40,3	27,3	52,9	46	26,4	31,3	36,4	39,2	35,2
Formlösung	0,5	0,7	1	5,7	11,4	13,7	16	9,4	4,8	3,5	5,4	9,8
Sinnlösung	0,5	0	1	1,9	1,6	1,9	2	5,6	4,8	5,8	4,7	4,2
Oben betont	7,3	8,3	7,4	3,8	4,9	1,9	2	0	0	0	0	0
Unten betont	0	0	2,1	3,8	3,2	0	0	0	0	0	0	0
Mitte betont	1,7	0,7	0	0	1,6	1,9	4	1,8	3,6	2,3	2,3	0
Mitte leer	17,6	14,3	15,9	13,4	13,1	9,8	16	7,5	6	7	7,1	5,6
Zutaten (außer Mond)	12,5	9	9,5	5,7	3,2	3,9	2	3,7	16,8	16,4	16,6	2,8
Ges.-Anzahl	58	60	15	19	18	24	9	17	27	39	19	52

Geschlecht: ♀

Alter	6	6½	7	7½	8	8½	9	9½	10	10½	11	11½	12
Sachlösung	52,1	36	35,9	32,7	35,1	36,1	42,5	27,9	17,5	14,7	18,3	19	28,6
Bildlösung	34,7	62,2	64,7	68	65,9	65,2	57,5	72	80,2	79,6	72,6	68,8	60,3
Stimmungslösung	0	0	0	0	0,3	0,3	1,1	0,3	1	3,1	7	11,2	9,5
Formlösung	0	0	0	0	0	0,3	1,1	1,5	1,4	1,2	1,9	1,6	1,5
Sinnlösung	0	0	0	0	0	0	0	0	9	0	0,3	0,4	0,5
Oben betont	13	7,2	5	4,7	4,3	8,4	9,8	8,6	7,1	11,9	14,8	12	8
Unten betont	0	0	0	1	2,1	3,5	4	4,7	3,2	3,4	1,9	1,6	1,5
Mitte betont	0	2,1	2,1	1,5	2,1	2,8	2,9	1,9	0,7	0,9	2,3	4,1	4
Mitte leer	91,3	51,2	50	47,3	49,6	45,9	44,7	31,4	24,3	21,9	21,4	19,9	16
Zutaten (außer Mond)	0	40,6	48,2	49,4	44,5	37,8	30,2	35	32,6	24,7	15,6	9,9	11,5
Ges.-Anzahl	22	57	156	68	161	51	79	53	131	99	88	69	87

Alter	12½	13	13½	14	14½	15	15½	16	16½	17	17½	18—18½
Sachlösung	20,1	23,7	4,8	2,6	1,7	1	2,8	3,6	3,4	3,2	4,5	5,8
Bildlösung	65,8	65,3	73,3	65,7	47,8	36	36,1	31,8	32,3	31,4	34,3	31,1
Stimmungslösung	11,5	8,3	14,5	16,6	33,3	46,3	52,3	50	50	50,6	50,2	50,7
Formlösung	0,4	0,6	6	12,2	15,3	15,4	16,1	17,5	15,6	15,3	15,8	17,5
Sinnlösung	0,4	0,6	1,2	0,8	0,8	0	0	0	0	0	0,4	1,1
Oben betont	3,8	5,7	2,4	2,6	0,8	0	0	0	1,3	1,2	2,7	2,2
Unten betont	0,9	1,2	0,6	1,7	3,4	3	1,9	0	0,6	0,6	1,8	2,2
Mitte betont	1,9	0	1,2	1,7	1,4	0	0	4,3	4	3,8	0	0
Mitte leer	11	8,3	6,6	8,7	5,9	8,2	9,5	7,2	4,7	1,2	1,8	2,2
Zutaten (außer Mond)	10	8,9	7,8	4,3	3,4	2	2,8	1,4	3,4	2,5	3,6	0
Gesamtzahl	45	78	32	55	27	36	35	42	67	45	44	49

Hinweise zu den Abbildungen

Für das Geschlecht sind die Zeichen ♂ = männlich und ♀ = weiblich gesetzt.
Das Lebensalter ist in Jahr und Monat angegeben; ein Strich hinter dem Semikolon statt der Monatsangabe bedeutet, daß das Alter nur nach Jahren bekannt war.
Ein Teil der Tests und die Handschriften sind verkleinert wiedergegeben.

Anleitung zur Testaufnahme des SWT

I. Die Durchführung

1. Die Aufforderung zu zeichnen sollte in entspannter Stimmung erfolgen und eher als Einladung wirken. Die Testpersonen (in Gruppen werden es wohl meist Kinder sein) werden so gesetzt, daß sie nicht voneinander abschauen können. Sie sollten auch nicht sprechen oder gar über die Sache diskutieren, sondern sich unmittelbar auf ihre Aufgabe konzentrieren.

2. Die Aufgabe wird in freier Form ausgesprochen. Sie lautet für Testpersonen über 10 Jahre »Zeichne einen Sternenhimmel über Meereswellen«, während man für jüngere Kinder sagen kann »Zeichne Sterne über Wasserwellen«.

3. Während des Zeichnens sollte die Testperson in Ruhe gelassen werden, damit das Bild sich in ihrer Vorstellung entfalten kann. Eventuelle Fragen sollten kurz und ruhig beantwortet werden. Um Kindern Sicherheit zu geben, sollte man mit einer ›unwichtigen‹ Arbeit im Raum bleiben, auch Bleistiftspitzer und Radiergummi bereitlegen.

4. Als Zeichenvorlage sollte ausschließlich das Original-SWT-Testblatt dienen (erhältlich bei: Testzentrale des BDP, Postfach 37 51, D-37027 Göttingen). Der Testperson wird ein mittelharter Bleistift zur Verfügung gestellt. Da der Bleistiftstrich ein wichtiges Diagnostikum ist, sind weder Kugelschreiber noch Tinte erlaubt; auch keine Farbstifte – wenn Kinder nach ihnen fragen, kann man sie auf ein ›schönes buntes Bild‹ vertrösten, das anschließend gemacht wird.

5. Oft wird ein Felsen, Strand oder ähnliches hinzugefügt, was Symbolwert haben kann. Wenn jedoch gefragt wird, ob man solches oder gar Schiffe, Fische usw. hineinzeichnen dürfe, so sollte dies abgelehnt werden, um die Intention nicht zu sehr vom eigentlichen Thema abzuwenden.

6. Die Testperson erhält keine Zeitvorgabe. In der Regel wird die Zeichnung nicht länger als 5 – 10 Minuten dauern.

7. Auf das fertige Blatt werden eingetragen: Name oder Chiffre, Geschlecht, Alter (Jahre und Monate) und das Datum der Aufnahme. Jetzt – oder auch später – kann mit der Auswertung begonnen werden, mit genügend Zeit oder sogar Muße: einer der großen Vorteile graphischer Projektionstests!

II. Statistische Voraussetzungen für die Feldforschung

1. Für vergleichende Studien werden mindestens 50 Zeichnungen pro Gruppe gebraucht – besser sind 100.

2. Die Verteilung der Geschlechter sollte etwa 1 : 1 betragen; wo das nicht möglich ist, muß der zahlenmäßig geringere Teil mindestens 50 resp. 100 umfassen.

III. Auswertung

Die Aufnahme des SWT kann auch von gut angeleiteten und einfühlsamen Nichtfachleuten durchgeführt werden; die Auswertung dagegen erfordert gründliche Fachbildung.

Register zu den Testabbildungen

Angegeben ist zuerst die Seite, dann in Klammern die Abbildungsnummer. Angeführt sind ausgeprägte Beispiele.

1. Register der formalen Auffassungsweisen

2. Register der Bildinhalte

3. Register der Stricharten

a) Strichführung

Einzelstrich und Pendelstrich: 29 (4); 30 (6); 34 (9); 40 (13); 44 (20); 51 (26); 67 (27); 68 (28); 71 (31); 73 (33); 77 (37); 78 (38); 81 (41); 83 (43); 85 (45); 103 (63); 114 (74); 122 (77); 124 (78); 138 (84); 144 (88); 156 (90); 158 (91); 172 (96); 189 (100); 199 (105b); 199 (105c); 200 (106b); 200 (106c); 204 (107); 211 (110c); 213 (111b); 215 (112); 216 (113); 224 (118b)

b) Strichcharaktere

zart: 19 (3a); 34 (9 unten); 40 (13 oben); 41 (16 unten); 78 (38); 114 (74 unten); 124 (78 unten); 205 (108)

scharf: 29 (4); 29 (5); 30 (7); 34 (9 oben); 40 (13 unten); 41 (15 oben); 69 (29); 76 (36); 77 (37); 87 (47); 103 (63); 104 (64); 105 (65); 114 (74 oben); 122 (77 oben); 188 (98); 189 (100); 194 (103b); 199 (105c)

tonig: 41 (15 unten); 46 (22); 128 (80 unten); 169 (95); 215 (112)

fest: 48 (23); 50 (25); 67 (27); 73 (33); 74 (34); 91 (51); 128 (80 oben); 138 (84 oben); 225 (119b)

c) Strichstörungen

zart-fragil: 32 (8 unten); 78 (38); 142 (85); 152 (89); 169 (95); 199 (105b)

tonig-schwammig: 32 (8 unten); 44 (19); 144 (86); 174 (97a); 182 (97d); 197 (105a)

scharf-hart: 36 (12); 81 (41); 82 (42); 86 (46); 100 (60); 102 (62); 108 (68); 109 (69); 115 (75); 116 (76); 205 (108); 209 (110a); 211 (110b); 211 (110c)

fest-deftig: 36 (11); 42 (17 unten); 85 (45); 94 (54); 101 (61); 144 (86); 195 (104a)

gestückelt: 50 (24); 142 (85); 144 (86); 197 (105a); 200 (106a)

fixierend geschwärzt: 41 (16 oben); 44 (20); 48 (23); 100 (60); 108 (68); 130 (81); 144 (86); 156 (90); 182 (97d); 193 (103a)

d) Flächenbehandlung

schattiert: 42 (18); 44 (19); 116 (76); 158 (91); 204 (107); 207 (109)

schraffiert: 30 (7); 32 (8); 136 (83); 219 (115)

konturiert: 29 (5); 42 (18); 44 (20); 106 (66); 122 (77); 126 (79); 215 (112); 220 (116)

gedunkelt: 32 (8 oben); 44 (19); 50 (25); 97 (57 oben); 111 (71 oben); 207 (109)

gerauht: 36 (12 unten); 42 (17 unten); 205 (107)

Strichführung 1 – 4 nach Vetter, 5 und 6 nach Pophal;
Strichcharaktere nach Vetter; Strichstörungen nach Avé-Lallemant;
Flächenbehandlung 1 – 3 nach Vetter, 4 – 5 nach Koch.

Ergänzende Veröffentlichungen der Verfasserin zum SWT

Ursula Avé-Lallemant: Dimensionen des Seelischen im Ausdruck des Sterne-Wellen-Tests. Zeitschrift für Menschenkunde XLV/3, 1981, S. 165 – 168

–: Der Sterne-Wellen-Test bei geistig behinderten Kindern. Der Kinderarzt XIII/11, November 1982, S. 1727 – 1731

–: Der Sterne-Wellen-Test als Funktionstest und Projektionstest im Dienste des Flüchtlingsproblems. AWR Bulletin – Vierteljahresschrift für Flüchtlingsfragen XXIII/2, 1985, S. 59 – 73

–: Der Sterne-Wellen-Test im Vorschulalter als quantitatives und qualitatives Diagnostikum. Zeitschrift für Menschenkunde LI/1, 1987, S. 29 – 41

– in Studienblätter für Ausdrucksdiagnostik, München 1982 – 1991, passim

Ursula Avé-Lallemant
Baum-Tests

Mit einer Einführung in die symbolische und graphologische Interpretation
5. Auflage 2002. 255 Seiten. 91 Abb.
(978-3-497-01608-2) gb

Dass der Baum von jeher als Symbol des Lebens galt, ist bekannt und anerkannt. Nicht so geläufig ist die Tatsache, dass sich in Träumen und Zeichnungen von Bäumen das individuelle Selbst eines Menschen widerspiegeln kann. Dieses Phänomen hat die Psychodiagnostik zur Grundlage eines „Baum-Tests“ gemacht. Als Test hat die Baumzeichnung den Vorzug großer Einfachheit und Natürlichkeit; die Fragestellung ist schlicht die Aufforderung: „Zeichne einen Baum“. Das Arbeiten mit dem Baum-Test stellt allerdings besondere Ansprüche an Können und Redlichkeit des Diagnostikers. Ziel des Buches ist es, durch Anschauung und Interpretation von Baumzeichnungen den Baum als Selbstausdruck des Menschen in seinen vielfältigen Aussagemöglichkeiten zu zeigen. Vor allem richtet es sich an alle, die sich beruflich im Rahmen der Lebensberatung um eine möglichst individuelle und dabei tieflotende Diagnostik bemühen.

Ursula Avé-Lallemant

Der Wartegg-Zeichentest in der Lebensberatung

Mit systematischer Grundlegung von August Vetter
3. Auflage 2000. 189 Seiten. 69 Abb.
(978-3-497-01330-2) gb

Ursula Avé-Lallemant legt hier eine ganz auf die praktische Beratung angelegte Testanwendung vor. Wesentlicher Bestandteil ist die von August Vetter verfasste Niederschrift seiner in Forschung, Beratung und Lehrtätigkeit gereiften Systematik, die er der Verfasserin zur Verfügung stellte. Auf dieser Grundlage, in Verbindung mit ihrer eigenen langjährigen Erfahrung, baute Ursula Avé-Lallemant den Test zunächst als Diagnostikum für die Jugendberatung aus. Der Wartegg-Zeichentest hat sich besonders dadurch bewährt, dass er Zugänge zur Tiefenpsychologie erlaubt und somit Hinweise auf Erlebnisstrukturen und Motive gibt.

Luitgard Brem-Gräser

Familie in Tieren

Die Familiensituation im Spiegel der Kinderzeichnung
Entwicklung eines Testverfahrens
8. Auflage 2001. 148 Seiten. Beilage mit 30 Testzeichnungen
(978-3-497-01567-2) gb

Die Zeichnung „Familie in Tieren" wurde in achthundert Untersuchungsfällen aus der Praxis der Erziehungs- und Schulberatung mit den jeweiligen Befunden der gesamten psychologischen Untersuchung verglichen. Der Verfasserin gelang es in überzeugender Weise, Kriterien zu ermitteln, welche es ermöglichen, vom Bilde unmittelbar die Hintergründe des speziellen kindlichen Fehlverhaltens abzulesen. Das Werk beweist nicht allein den international längst gesicherten Platz dieses Tests, es stellt darüber hinaus einen wichtigen Beitrag zur Familienpsychologie dar. „Familie in Tieren" ermöglicht eine differenzierte Diagnosestellung und die Prognose eines familienspezifischen Heilungsplanes.

Marta Kos | Gerd Biermann
Die verzauberte Familie

Ein tiefenpsychologischer Zeichentest
Unter Mitarbeit von Günter Haub
(Beiträge zur Psychodiagnostik des Kindes; 1)
5. Auflage 2002. 320 Seiten. 127 Abb.
(978-3-497-01592-4) gb

Die spontane Zeichnung ist eine der elementarsten schöpferischen Äußerungen eines Kindes. Die Zeichnungen spiegeln Erlebnisse und Bedürfnisse des Kindes wider. Kindliche Zeichnungen reflektieren daher auch häufig die Spannungen, die das Kind in seiner Familie erlebt. Werden Kinder aufgefordert, ihre Familie zu zeichnen, so kann dies helfen, Familienkonstellationen, Bindungen und Störungen zu erkennen.

Mit entwicklungspsychologischem Wissen angewandt, ist „Die verzauberte Familie" ein projektiver Test, der die Hintergründe kindlicher Störungen aufdecken kann. Er besitzt zudem in der vorliegenden Fassung jenes Maß an Strukturiertheit, das für die Projektion der Persönlichkeit des Kindes notwendig ist.

Louis Corman
Der Schwarzfuß-Test

Grundlagen, Durchführung, Deutung und Auswertung
Aus dem Französischen von Renate Krieger
(Beiträge zur Psychodiagnostik des Kindes; 5)
3. Auflage 1995. 152 Seiten. 16 Abb. (978-3-497-01245-9) gb

Schwarzfuß-Test-Testmappe
18 Bildkarten. Format 13 x 18 cm.
3. Auflage 1996. (978-3-497-01406-4)

Der Schwarzfuß-Test basiert auf den Auswertungen von Erfahrungen mit Testmethoden wie dem TAT (Thematischen Apperzeptions-Test), dessen Modifizierung durch Bellak im CAT (Children's Apperception Test) sowie dem Blacky-Pictures-Test von Blum. Der Schwarzfuß-Test arbeitet mit der bewährten Anregung zur Projektion unbewusster Tendenzen durch Bilder. Die Projektion auf den Helden gelingt hier besonders gut, weil nur ein Wesen, das Schweinchen Schwarzfuß, als Identifikationsfigur angeboten wird, nach der neu entwickelten Methode der bevorzugten Identifikation. Der Schwarzfuß-Test bringt erstaunlich gute Erfolge bei der Ermittlung von Konflikten im Kindes- und Jugendalter.

Die dazugehörige Testmappe ist separat erhältlich.

www.reinhardt-verlag.de